GEOMETRIAS NÃO EUCLIDIANAS

O selo DIALÓGICA da Editora InterSaberes faz referência às publicações que privilegiam uma linguagem na qual o autor dialoga com o leitor por meio de recursos textuais e visuais, o que torna o conteúdo muito mais dinâmico. São livros que criam um ambiente de interação com o leitor – seu universo cultural, social e de elaboração de conhecimentos –, possibilitando um real processo de interlocução para que a comunicação se efetive.

GEOMETRIAS NÃO EUCLIDIANAS

Nelson Pereira Castanheira

EDITORA
intersaberes

EDITORA intersaberes

Rua Clara Vendramin, 58 – Mossunguê
CEP 81200-170 – Curitiba – PR – Brasil
Fone: (41) 2106-4170
www.intersaberes.com
editora@editoraintersaberes.com.br

Conselho editorial
Dr. Ivo José Both (presidente)
Dr.ª Elena Godoy
Dr. Neri dos Santos
Dr. Ulf Gregor Baranow

Editora-chefe
Lindsay Azambuja

Gerente editorial
Ariadne Nunes Wenger

Preparação de originais
Caroline Rabelo Gomes

Edição de texto
Mycaelle Albuquerque Sales
Caroline Rabelo Gomes

Capa
Débora Gipiela (*design*)
Yurii Andreichyn/Shutterstock
(imagens)

Projeto gráfico
Sílvio Gabriel Spannenberg

Adaptação do projeto gráfico
Kátia Priscila Irokawa

Diagramação
Muse design

Equipe de design
Débora Gipiela

Iconografia
Sandra Lopis da Silveira
Regina Claudia Cruz Prestes

Dados Internacionais de Catalogação na Publicação (CIP)
(Câmara Brasileira do Livro, SP, Brasil)

Castanheira, Nelson Pereira
    Geometrias não euclidianas/Nelson Pereira Castanheira.
Curitiba: InterSaberes, 2020.

    Bibliografia.
    ISBN 978-65-5517-607-0

    1. Geometria não Euclidiana I. Título.

20-36028   CDD-516.9

Índices para catálogo sistemático:
1. Geometria não Euclidiana: Matemática   516.9

Cibele Maria Dias – Bibliotecária – CRB-8/9427

1ª edição, 2020.
Foi feito o depósito legal.

Informamos que é de inteira responsabilidade do autor a emissão de conceitos.

Nenhuma parte desta publicação poderá ser reproduzida por qualquer meio ou forma sem a prévia autorização da Editora InterSaberes.

A violação dos direitos autorais é crime estabelecido na Lei n. 9.610/1998 e punido pelo art. 184 do Código Penal.

Sumário

9   *Apresentação*

10 *Como aproveitar ao máximo este livro*

17 **Capítulo 1 – Método axiomático**

19 1.1 Axiomas e os postulados de Euclides

23 1.2 Geometria Não Euclidiana

26 1.3 Tentativas de demonstração do postulado das paralelas: Ptolomeu, Proclus, Wallis, Saccheri

32 1.4 Descobrimento das Geometrias Não Euclidianas: Bolyai, Gauss, Lobachevsky, Riemann

33 1.5 Tipos clássicos de Geometrias Não Euclidianas

39 **Capítulo 2 – Geometria hiperbólica**

41 2.1 Hipérbole

43 2.2 Independência do postulado das paralelas

44 2.3 Modelo de Poincaré

47 2.4 Distância entre dois pontos no disco de Poincaré

49 2.5 Paralelismo na geometria hiperbólica

55 2.6 Modelo do semiplano de Poincaré

61 2.7 Modelo de Beltrami-Klein

63 2.8 Ângulos no disco de Beltrami-Klein

64 2.9 Ângulos hiperbólicos no disco de Poincaré

75 **Capítulo 3 – Triângulos impróprios**

75 3.1 Pontos ideais e pontos ordinários

76 3.2 Triângulos hiperbólicos

84 3.3 Ângulo de paralelismo

85 3.4 Soma dos ângulos internos de um triângulo hiperbólico ou triângulo ômega

92 3.5 Critérios de congruência para os triângulos ômega

94 3.6 Ponto gama e retas não secantes

95   3.7 Polígonos equivalentes e diferença angular

97   3.8 Área de um triângulo hiperbólico

100   3.9 Curva limitante e curva equidistante

Capítulo 4 – **Geometria esférica ou elíptica** — 109

111   4.1 Circunferência

113   4.2 Elipse

116   4.3 Geodésica

122   4.4 Geometria esférica ou elíptica

127   4.5 Circunferência máxima

132   4.6 Triângulo esférico

140   4.7 Quadriláteros em uma superfície esférica

Capítulo 5 – **Trigonometria esférica** — 151

152   5.1 Lei dos cossenos para triângulos planos

153   5.2 Lei dos cossenos para triângulos esféricos

159   5.3 Lei dos senos para triângulos planos

160   5.4 Lei dos senos para triângulos esféricos

161   5.5 Teorema de Pitágoras esférico

164   5.6 Triângulo esférico retângulo

165   5.7 Triângulos polares

Capítulo 6 – **Trigonometria hiperbólica** — 169

169   6.1 Função seno hiperbólico

170   6.2 Função cosseno hiperbólico

173   6.4 Trigonometria hiperbólica

178   6.5 Teorema de Pitágoras hiperbólico

180   6.6 Lei dos cossenos

180   6.7 Lei dos senos

187	Capítulo 7 – **Métrica e isometria**
187	7.1 Métrica
190	7.2 Isometria
192	7.3 Isometrias da esfera
195	7.4 O grupo geral de Möbius
197	7.5 Distâncias no plano hiperbólico
203	7.6 Isometrias no plano hiperbólico
205	7.7 Modelo de Poincaré
208	7.8 Modelo de Beltrami-Klein
210	*Considerações finais*
211	*Referências*
216	*Bibliografia comentada*
218	*Apêndice*
221	*Respostas*
222	*Sobre o autor*

> *"Uma geometria não pode ser mais verdadeira do que outra; poderá ser apenas mais cômoda."*
> (Poincaré)

Apresentação

Durante toda a elaboração deste livro, estivemos atentos à necessidade que as pessoas têm de compreender a matemática e à dificuldade que elas sentem de interpretar textos que são excessivamente complexos, com linguajar rebuscado e distante daquele que o leitor utiliza em seu cotidiano. Além disso, demos especial atenção à necessidade de o estudante conhecer a geometria para desempenhar com sucesso tarefas de outras disciplinas que a tenham como pré-requisito, bem como à demanda docente de dispor de um livro-texto que facilite seu papel de educador.

Particularmente, as Geometrias Não Euclidianas requerem uma linguagem fácil, dialógica, para que o estudante não necessite permanentemente da presença de um professor, um tutor ou um profissional da área, uma vez que se trata de um tema que não é comum à maioria dos estudantes.

A experiência mostrou-nos que, para o total aprendizado da matemática, é de suma importância a apresentação de exemplos, resolvidos passo a passo, que deem o suporte necessário ao estudante para a resolução de outros exercícios similares sem dificuldade.

Assim, elaboramos este livro em capítulos e o estruturamos de modo a permitir seu uso tanto em cursos presenciais quanto de educação a distância, sendo de grande utilidade em cursos superiores de Matemática e Engenharias.

No Capítulo 1, trazemos uma ampla visão do método axiomático e da Geometria Euclidiana, com base nos axiomas e nos postulados de Euclides para, na sequência, deixar claro ao leitor o que são as *Geometrias Não Euclidianas*.

No Capítulo 2, explicamos minuciosamente a geometria hiperbólica e os modelos de Poincaré e de Beltrami-Klein.

No Capítulo 3, abordamos os conceitos e as aplicações dos triângulos impróprios e dos quadriláteros, com ênfase no cálculo da soma dos ângulos internos de um triângulo hiperbólico e no ângulo de paralelismo.

No Capítulo 4, explicamos detalhadamente a geometria esférica ou elíptica, conceituando geodésica, circunferência máxima e ângulo esférico.

No Capítulo 5, trabalhamos a trigonometria esférica, com o estudo da lei dos cossenos, da lei dos senos e do teorema de Pitágoras esférico.

No Capítulo 6, tratamos do estudo da trigonometria hiperbólica, também com o estudo da lei dos senos, da lei dos cossenos e do teorema de Pitágoras hiperbólico.

Por fim, no Capítulo 7, descrevemos, de maneira simplificada, a métrica e a isometria da esfera, a isometria no plano hiperbólico e os modelos de Beltrami-Klein e de Poincaré.

Em cada capítulo, apresentamos exercícios resolvidos e propomos outros para a fixação dos conteúdos da obra.

Boa leitura!

COMO APROVEITAR AO MÁXIMO ESTE LIVRO

Empregamos nesta obra recursos que visam enriquecer seu aprendizado, facilitar a compreensão dos conteúdos e tornar a leitura mais dinâmica. Conheça a seguir cada uma dessas ferramentas e saiba como elas estão distribuídas no decorrer deste livro para bem aproveitá-las.

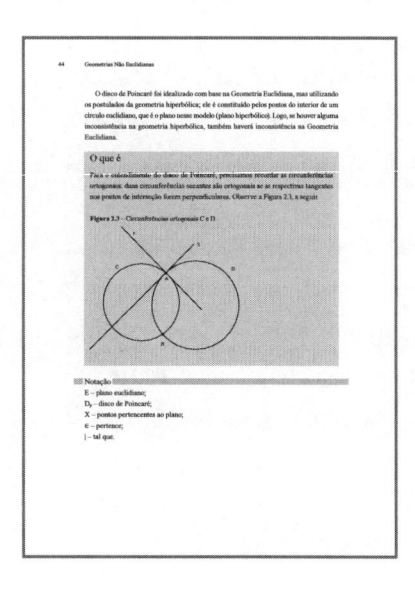

Notação

Esclarecemos, nestes boxes, o uso de símbolos e caracteres relacionados ao sistema de representação gráfica comum à área de conhecimento a que esta obra se associa.

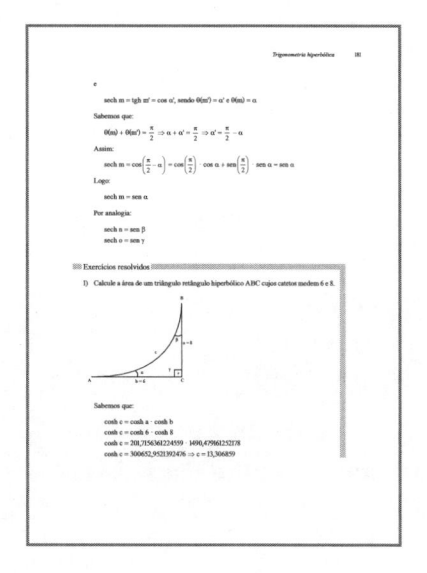

Exercícios resolvidos

Nesta seção, você acompanhará passo a passo a resolução de alguns problemas complexos que envolvem os assuntos trabalhados no capítulo.

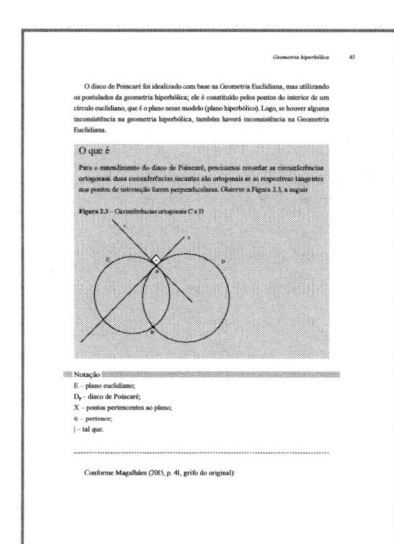

O QUE É
Nesta seção, destacamos definições e conceitos elementares para a compreensão dos tópicos do capítulo.

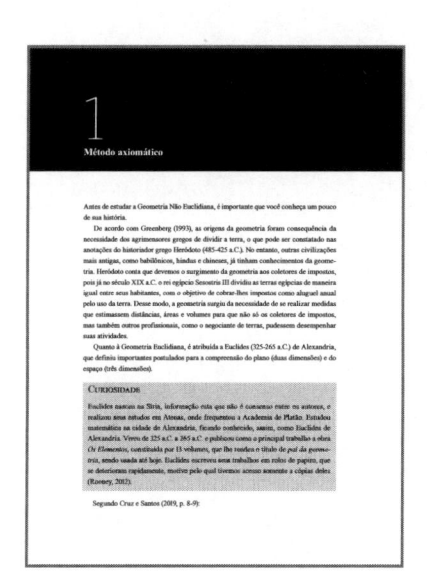

CURIOSIDADE
Nestes boxes, apresentamos informações complementares e interessantes relacionadas aos assuntos expostos no capítulo.

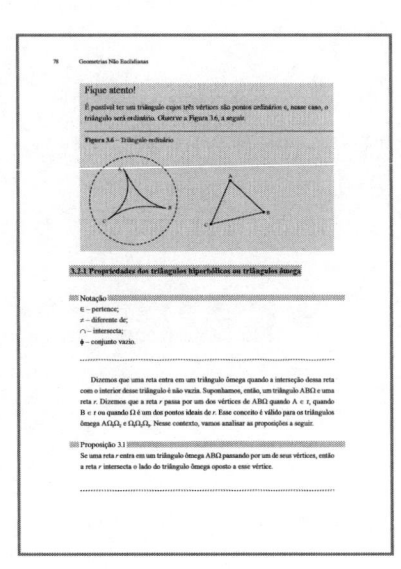

Fique atento!

Ao longo de nossa explanação, destacamos informações essenciais para a compreensão dos temas tratados nos capítulos.

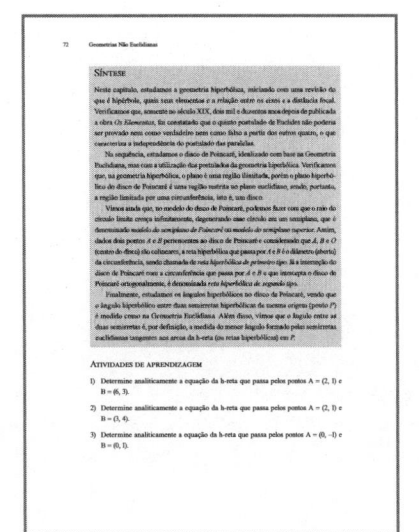

Síntese

Ao final de cada capítulo, relacionamos as principais informações nele abordadas a fim de que você avalie as conclusões a que chegou, confirmando-as ou redefinindo-as.

Atividades de autoavaliação

Apresentamos estas questões objetivas para que você verifique o grau de assimilação dos conceitos examinados, motivando-se a progredir em seus estudos.

Atividades de aprendizagem

Aqui apresentamos questões que aproximam conhecimentos teóricos e práticos a fim de que você analise criticamente determinado assunto.

Bibliografia comentada

Nesta seção, comentamos algumas obras de referência para o estudo dos temas examinados ao longo do livro.

1
Método axiomático

Antes de estudar a Geometria Não Euclidiana, é importante que você conheça um pouco de sua história.

De acordo com Greenberg (1993), as origens da geometria foram consequência da necessidade dos agrimensores gregos de dividir a terra, o que pode ser constatado nas anotações do historiador grego Heródoto (485-425 a.C.). No entanto, outras civilizações mais antigas, como babilônicos, hindus e chineses, já tinham conhecimentos da geometria. Heródoto conta que devemos o surgimento da geometria aos coletores de impostos, pois já no século XIX a.C. o rei egípcio Sesostris III dividiu as terras egípcias de maneira igual entre seus habitantes, com o objetivo de cobrar-lhes impostos como aluguel anual pelo uso da terra. Desse modo, a geometria surgiu da necessidade de se realizar medidas que estimassem distâncias, áreas e volumes para que não só os coletores de impostos, mas também outros profissionais, como o negociante de terras, pudessem desempenhar suas atividades.

Quanto à Geometria Euclidiana, é atribuída a Euclides (325-265 a.C.) de Alexandria, que definiu importantes postulados para a compreensão do plano (duas dimensões) e do espaço (três dimensões).

> ### CURIOSIDADE
>
> Euclides nasceu na Síria, informação esta que não é consenso entre os autores, e realizou seus estudos em Atenas, onde frequentou a Academia de Platão. Estudou matemática na cidade de Alexandria, ficando conhecido, assim, como Euclides de Alexandria. Viveu de 325 a.C. a 265 a.C. e publicou como o principal trabalho a obra *Os Elementos*, constituída por 13 volumes, que lhe rendeu o título de *pai da geometria*, sendo usada até hoje. Euclides escreveu seus trabalhos em rolos de papiro, que se deterioram rapidamente, motivo pelo qual tivemos acesso somente a cópias deles (Rooney, 2012).

Segundo Cruz e Santos (2019, p. 8-9):

Em relação ao conhecimento geométrico, *Os Elementos* contempla a geometria plana, geometria de figuras semelhantes e esteriometria, que estuda as relações métricas da pirâmide, do prisma, do cone e do cilindro, polígonos regulares, especialmente do triângulo e do pentágono (Cajori, 2007).

Tais Geometrias, em seu conjunto, são denominadas Geometria Euclidiana. Esta possui coesão lógica e concisão de forma caracterizada por axiomas e postulados.

A base da Geometria Euclidiana é, então, formada pelos axiomas e pelos postulados. Os postulados são verdades evidentes sobre determinado tema e, em consequência, não há a necessidade de demonstrá-los. Por serem óbvios, tornam-se consenso inicial para a aceitação de uma teoria. Já os axiomas, na matemática, são afirmações aceitas sem discussão. Por exemplo: a parte é menor que o todo.

Para Euclides, os axiomas consistiam basicamente em verdades aplicáveis a todas as ciências, e os postulados eram verdades acerca da particular disciplina em estudo, no caso, a geometria. Por isso, os primeiros axiomas trataram de questões sobre a parte e o todo, e os postulados, sobre pontos e retas, por exemplo.

Há quem considere postulado e axioma como sinônimos, uma vez que ambos são aceitos sem debate. Entretanto, na matemática, axioma é uma afirmação geral aceita sem discussão, isto é, uma verdade inquestionável.

Conforme Nascimento (2006):

> O método axiomático consiste em fazer uma coleção completa de proposições e conceitos básicos de onde derivarão [outros] [...], por dedução e por definição. [...] [A coleção/sistema é constituída por] dois grupos de expressões: os conceitos primitivos [como o de ponto] e os postulados ou axiomas.

Ainda, de acordo com Coutinho (2001, p. 33),

> um sistema de axiomas é consistente se não conduzir a teoremas contraditórios, isto é, a um teorema e à sua negação. Deve também ser suficiente ou completo, ou seja, a teoria pode ser desenvolvida sem a necessidade de outros axiomas. Finalmente, deve ainda ser independente, quando nenhum axioma pode ser demonstrado a partir dos demais.

Na Geometria Euclidiana, temos, por exemplo, o seguinte axioma: Por dois pontos distintos de um plano passa uma e só uma reta.

> **O QUE É**
>
> Segundo Euclides, *ponto* é o que não tem partes, e *reta* é um comprimento sem medida.

Observe, portanto, que por meio do desenvolvimento de axiomas surgem postulados. Quando os postulados são provados, passam a ser definidos como teoremas.

Na matemática, segundo Brito (1995, p. 32, 138),

> o sistema axiomático deriva do método dedutivo e do esquema de organização local, ou seja, daquele que estabelece a validez de um resultado a partir de outros fatos geométricos conhecidos de antemão. [...]
>
> Um modelo para um sistema axiomático formal é uma interpretação dos termos primitivos, sobre a qual os axiomas tomam-se afirmações verdadeiras.

Note, porém, que nem todo corpo consistente de proposições pode ser descrito por uma coleção de axiomas. Por exemplo, o sistema matemático de números naturais 0, 1, 2, 3, 4, 5, 6... é baseado em um sistema axiomático escrito primeiramente por Giuseppe Peano (1858-1932), em 1889 (Boyer, 1974; Eves, 2011). Segundo Boyer (1974), Peano escolheu os axiomas na linguagem de um único símbolo de função S (sucessor) para o conjunto dos números naturais. Assim, para esse conjunto, os postulados são:

a) O número 0 é um número natural;
b) Todo número natural x apresenta um sucessor, denotado por S(x);
c) Não há número natural y tal que S(y) = 0;
d) Números naturais distintos apresentam sucessores distintos. Se a ≠ b, então S(a) ≠ S(b);
e) Se 0 e o sucessor de todo número natural apresentam uma propriedade, então todo número natural apresenta essa propriedade.

1.1 Axiomas e os postulados de Euclides

A geometria de Euclides foi a primeira teoria matemática a ser axiomatizada; e, embora a Geometria Não Euclidiana também seja baseada em um sistema axiomático, esse sistema é distinto do da Geometria Euclidiana.

Primeiramente, é necessário esclarecer que a Geometria Euclidiana funda-se em dez proposições, sendo cinco axiomas e cinco postulados, que utilizam os conceitos de ponto, intermediação e congruência (Coutinho, 2001).

David Hilbert (1862-1943), em 1899, realizou importante contribuição para axiomatização ao elaborar um conjunto completo de axiomas para a Geometria Euclidiana (que não deve ser confundido com os postulados de Euclides, descritos adiante), a saber:

Axioma 1 – Coisas que são iguais a uma terceira são iguais entre si;
Axioma 2 – Se quantidades iguais são adicionadas a iguais, os resultados são iguais;
Axioma 3 – Se quantidades iguais são subtraídas de iguais, os restos são iguais;
Axioma 4 – Coisas que coincidem uma com a outra são iguais;
Axioma 5 – O todo é maior do que qualquer uma de suas partes.

Dando continuidade, trataremos agora dos cinco postulados de Euclides, que são:

Postulado 1 – Dados dois pontos distintos, há uma única reta que os une.
Observe a Figura 1.1, a seguir.

Figura 1.1 – Reta que passa pelos pontos A e B

Postulado 2 – Um segmento de reta pode ser prolongado indefinidamente para construir uma reta.
Observe a Figura 1.2, a seguir.

Figura 1.2 – Reta estendida a partir do segmento de reta AB

Postulado 3 – Dados um ponto P e um segmento de reta r qualquer, pode-se construir uma circunferência de centro no ponto P com raio r igual ao segmento de reta dado.
Observe a Figura 1.3, a seguir.

Figura 1.3 – Circunferência com centro no ponto P e raio igual ao segmento de reta r

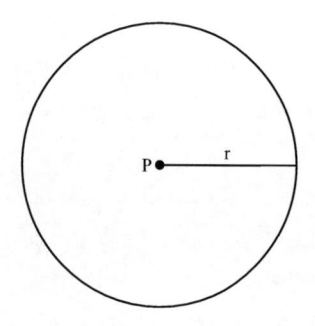

Postulado 4 – Todos os ângulos retos são congruentes (semelhantes), ou seja, têm a mesma medida.

Observe a Figura 1.4, a seguir.

Figura 1.4 – Ângulos congruentes

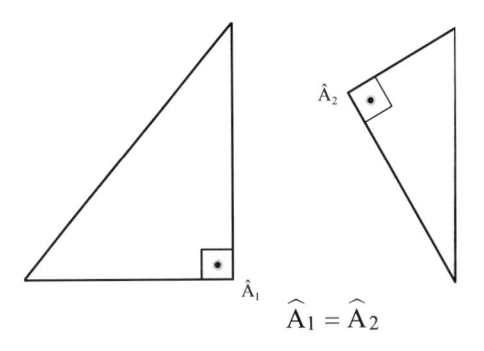

$$\widehat{A}_1 = \widehat{A}_2$$

Postulado 5 – Se duas linhas intersectam uma terceira, de modo que a soma dos ângulos internos de um mesmo lado dessa secante seja menor que dois ângulos retos (menor que 180°), então as duas linhas, se prolongadas indefinidamente, devem intersectar-se em um ponto P desse mesmo lado em que os dois ângulos sejam menores que dois ângulos retos.

Portanto, Euclides acreditava que duas retas poderiam encontrar-se no infinito. Observe a Figura 1.5, a seguir.

Figura 1.5 – Reta r secante a outras duas retas dadas

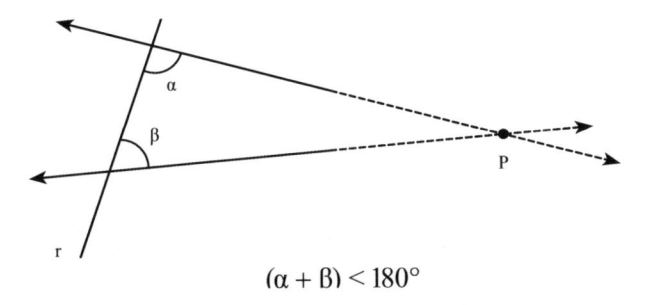

$$(\alpha + \beta) < 180°$$

O quinto postulado também ficou conhecido como *postulado das paralelas*, sendo comumente definido da seguinte maneira:

> Dado um ponto P exterior a uma reta r dada, ambos em um mesmo plano, existe uma única reta s que é paralela à reta r.

Observe a Figura 1.6, a seguir.

Figura 1.6 – Reta paralela à reta *r*, passando pelo ponto *P* externo à reta *r*

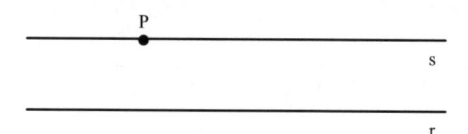

Agora, observe a Figura 1.7, a seguir, em que, se as duas retas paralelas, *r* e *s*, forem intersectadas por uma reta *t*, os ângulos α e β, somados, serão iguais a 180°.

Figura 1.7 – Duas retas paralelas intersectadas por uma terceira reta

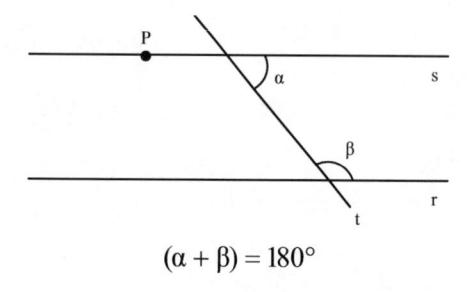

$$(\alpha + \beta) = 180°$$

A base da Geometria Euclidiana foi justamente o postulado das paralelas, o qual afirma a existência de uma reta paralela a uma reta dada, que contém um ponto *P* não pertencente a essa reta. Tal postulado foi verdade absoluta até o final do século XIX, ou seja, por mais de 2 mil anos. No entanto, a Geometria Euclidiana é válida para superfícies planas, mas insatisfatória para superfícies curvas. Assim, nessa geometria, temos que:

a) Por meio de um ponto *P*, traçamos uma única reta paralela a uma reta dada;
b) A soma dos ângulos internos de um triângulo é sempre igual a 180° ou dois ângulos retos;
c) A circunferência de um círculo é sempre igual a 2π vezes seu raio.

Observe, ainda, que os quatro primeiros postulados são evidentes, o que já não acontece com o quinto. Muitos matemáticos, com base nos quatro primeiros postulados, tentaram provar, sem sucesso, o quinto postulado. Sabemos hoje que sua validade depende da superfície em que se vai realizar a prova. Porém, essas tentativas contribuíram para a sistematização de novos conhecimentos e para avanços no conhecimento científico em geral. Segundo Garbi (2006, p. 262), com base nas "ideias geométricas de Georg Friedrich Bernhard Riemann [1826-1866], outros matemáticos desenvolveram o Cálculo Tensorial que veio a ser a ferramenta matemática utilizada por Albert Einstein para formular a Teoria da Relatividade Geral".

1.2 Geometria Não Euclidiana

A Geometria Não Euclidiana modifica o quinto postulado de Euclides, o postulado das paralelas, e, com isso, obtemos a **geometria hiperbólica**, a **geometria esférica** ou **elíptica** e a **geometria fractal**.

Na Geometria Não Euclidiana, podemos ter infinitas retas passando por um ponto P e estas serem paralelas a uma reta dada sem intersectar essa reta. Ainda nessa geometria, a soma dos ângulos internos de um triângulo é diferente de 180°, pois não trabalhamos mais em um contexto plano, mas sim esférico. Veremos adiante que a soma dos ângulos internos de um triângulo está associada à curvatura positiva, nula ou negativa.

Os conceitos da Geometria Não Euclidiana e os conceitos da teoria da relatividade, construída por Albert Einstein, estão fortemente relacionados. De acordo com Sautoy (2018):

> Usando a matemática de Riemann, Einstein promoveu um avanço extraordinário sobre a natureza do Universo: o tempo, ele descobriu, era a quarta dimensão.
>
> A nova geometria de Riemann permitiu unificar espaço e tempo. E as estranhas geometrias curvas pensadas pela primeira vez por Gauss, descritas por Bolyai e Lobachevsky e generalizadas por Riemann, o ajudaram a resolver a relatividade.

Imagine que você tenha em mãos uma bola de golfe e trace nela retas, como na Figura 1.8, a seguir. Como o desenho está em uma superfície esférica, podemos dizer que traçamos retas curvas. É isso mesmo, retas curvas! Nesse contexto, podemos traçar infinitas retas que passam pelo ponto P – que se encontra fora de uma reta r – sem interceptar essa reta r e todas paralelas a ela.

Figura 1.8 – Retas paralelas à reta r que passam por um ponto P fora da reta r

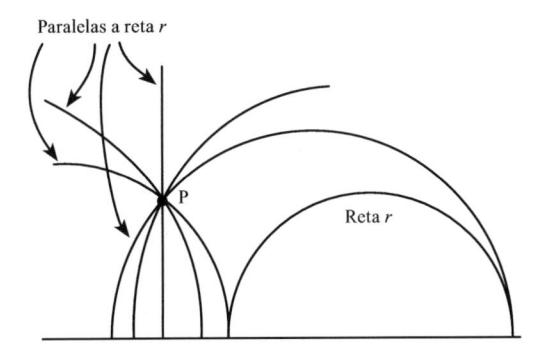

Agora, na mesma bola de golfe, por dentro dela, imagine o desenho de um triângulo ABC, como mostrado na Figura 1.9, a seguir. Observe que a soma dos ângulos internos é menor que 180°. Desse modo, as descobertas de outras geometrias, definidas como *Geometrias Não Euclidianas*, introduziram outros objetos e outros conceitos que representam, descrevem e estabelecem respostas a certos fenômenos do Universo, para os quais a Geometria Euclidiana não permite esclarecimento.

Figura 1.9 – Triângulo ABC desenhado em uma superfície hiperbólica (na parte interna de uma bola de golfe)

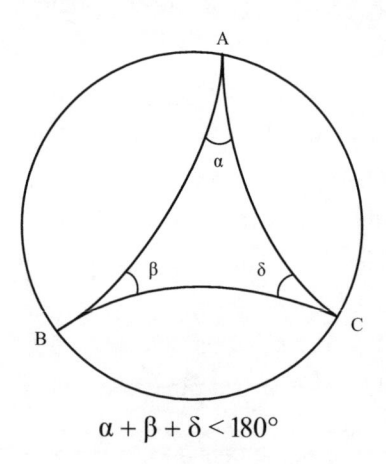

$$\alpha + \beta + \delta < 180°$$

Conforme verificamos anteriormente, tanto a Geometria Euclidiana quanto a Não Euclidiana são formadas por um conjunto de afirmações consideradas verdadeiras, denominadas *axiomas*. Mas o que diferencia uma da outra? Segundo Kaleff e Nascimento (2004, p. 14, grifo do original), "para que uma Geometria seja chamada de **não Euclidiana** é preciso que, em seu conjunto de axiomas, pelo menos um dos axiomas da Geometria Euclidiana não seja verdadeiro".

Por exemplo, Robold (1992, p. 45) define *Geometrias Não Euclidianas* como "um sistema geométrico construído sem a ajuda da hipótese euclidiana das paralelas e contendo uma suposição sobre paralelas incompatível com a de Euclides".

Assim, partindo do quinto postulado de Euclides, o postulado das paralelas, podemos fazer a seguinte analogia:

a) Dado um ponto P exterior a uma reta r dada, ambos em um mesmo plano, existe uma única reta s que é paralela à reta r. Observe novamente a Figura 1.6.

Figura 1.6 – Reta paralela à reta r, passando pelo ponto P externo à reta r

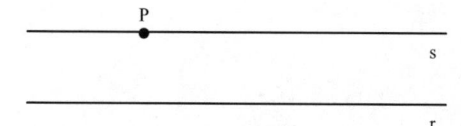

b) Dado um ponto P exterior a uma reta r dada, existe uma infinidade de retas paralelas à reta r que passam pelo ponto P e não a interceptam. Observe a Figura 1.10, a seguir, e também a Figura 1.8 novamente.

Figura 1.10 – Geometria Não Euclidiana Lobachevskyana ou hiperbólica (curvatura menor que zero ou negativa)

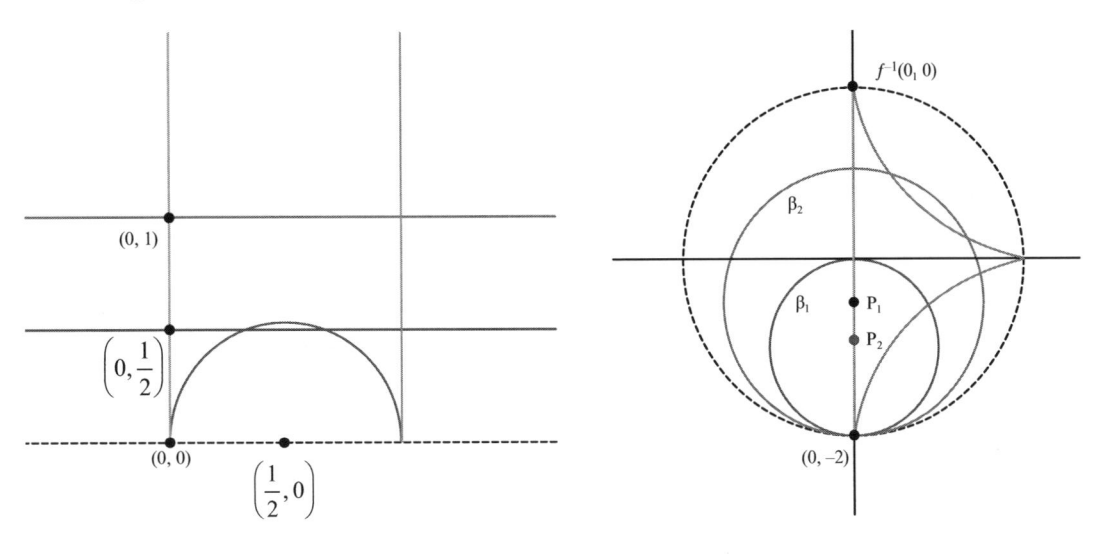

Figura 1.8 – Retas paralelas à reta *r* que passam por um ponto *P* fora da reta *r*

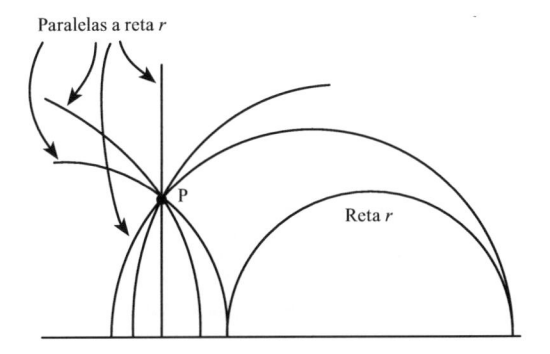

c) "Quaisquer duas retas em um plano têm um ponto de encontro" (Coutinho, 2001, p. 73).

Figura 1.11 – Geometria Não Euclidiana Riemanniana, esférica ou elíptica (curvatura maior que zero ou positiva)

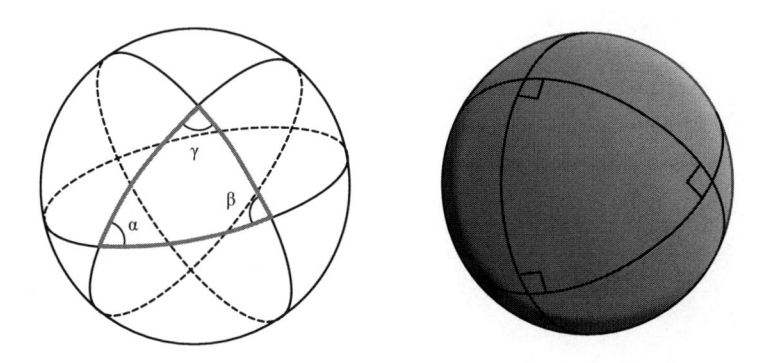

Observe que falamos de curvaturas. Quando temos uma superfície plana, como na Geometria Euclidiana, também conhecida como *parabólica*, a curvatura é igual a zero. Nesse caso, a soma dos ângulos internos de um triângulo é sempre igual a 180° e podemos dizer que a menor distância que une dois pontos é uma linha reta. Estamos, portanto, considerando que um plano euclidiano tem curvatura igual a zero.

Entretanto, quando falamos de uma superfície esférica, como a da Terra, ou de uma superfície elíptica, como a de um ovo, o conceito sobre a menor distância entre dois pontos é diferente. De acordo com os aeronáuticos, a rota mais curta entre dois pontos da superfície terrestre é o arco do grande círculo que passa por esses dois pontos. Esse grande círculo corresponde, no caso, à linha reta de um plano. A curvatura, nesse caso, é maior que zero, ou positiva, e a soma dos ângulos internos de um triângulo nessa superfície é maior que 180°. Veja a Figura 1.11 apresentada anteriormente.

Agora, observe a Figura 1.12, adiante, uma figura em forma de sela, superfície conhecida como *pseudoesfera*. Nela, a linha mais curta que une dois pontos assume o formato da superfície. Nesse caso, a curvatura é menor que zero, ou negativa, e a soma dos ângulos internos de um triângulo é menor que 180°.

Figura 1.12 – Pseudoesfera ou sela (curvatura menor que zero ou negativa)

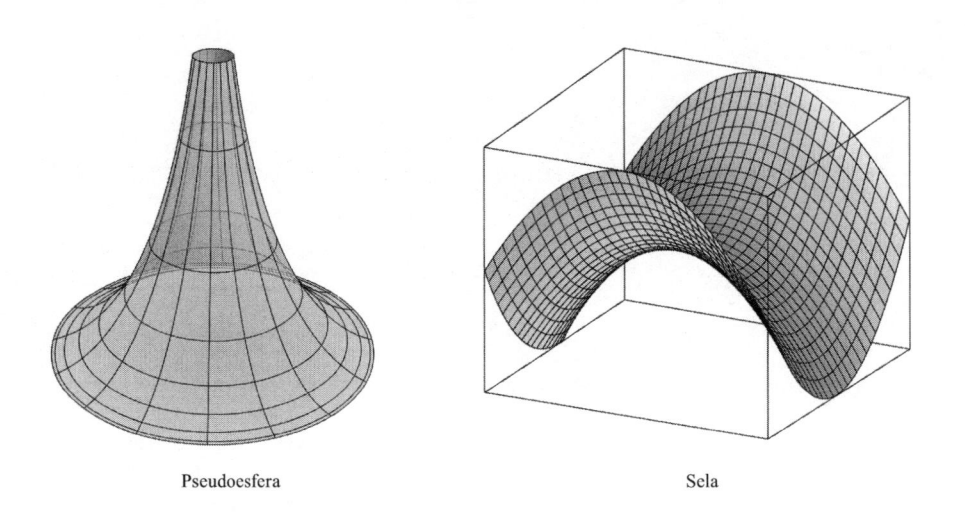

Pseudoesfera   Sela

Natasha Melnick

1.3 Tentativas de demonstração do postulado das paralelas: Ptolomeu, Proclus, Wallis, Saccheri

Muitas foram as tentativas de se provar o postulado das paralelas, mas sem êxito, uma vez que os argumentos utilizados eram equivalentes ao quinto postulado e, em consequência, tornavam as provas inválidas.

O postulado das paralelas (quinto postulado) foi evitado até mesmo por Euclides, já que, como notou Proclus Lício (412-485) – um dos principais comentaristas da obra *Os Elementos* –, as primeiras 28 proposições (das 465 de todos os livros da obra) são demonstradas sem utilizá-lo, sendo que muitas delas seriam mais facilmente demonstradas por meio dele (Moreno; Bromberg, citados por Brito, 1995).

No livro I da obra *Os Elementos*, temos a proposição 28, que diz: "Caso uma reta, caindo sobre duas retas, faça o ângulo exterior igual ao interior e oposto e no mesmo lado, ou os interiores no mesmo lado iguais a dois retos, as retas serão paralelas entre si" (Euclides, 2009, p. 119). Cláudio Ptolomeu (90-168) tentou demonstrar essa proposição, como descrito por Proclus (citado por Marques, 2004b):

> Sejam AB e CD duas linhas retas cortadas por uma linha reta EFGH, de modo a fazer os ângulos BFG e FGD iguais a dois ângulos retos [como na Figura 1.13, a seguir]. Eu digo que as linhas retas são paralelas, isto é, não secantes. Se possível, sejam FB e GD prolongadas até se encontrarem em K. Então, como a linha reta GF corta a linha AB, ela faz os ângulos AFG e BFG iguais a dois ângulos retos. Do mesmo modo, como GF corta CD, ela faz os ângulos CGF e DGF iguais a dois ângulos retos. Consequentemente os ângulos AFG, BFG, CGF e DGF são iguais a dois ângulos retos, dos quais dois, BFG e DGF, estão determinados como iguais a dois ângulos retos; por este motivo os outros dois ângulos, AFG e CGF, são também iguais a dois ângulos retos. Se então, quando a soma dos ângulos internos são [sic] iguais [sic] a dois ângulos retos, as linhas FB e GD, quando prolongadas, encontram-se uma com a outra em K, logo, também FA e GC, quando prolongadas, irão encontrar-se, pois os ângulos AFG e CGF são também iguais a dois ângulos retos. As linhas retas irão encontrar-se ou em ambos os lados ou em nenhum, se [...] [a soma destes] (os ângulos internos deste lado), como [...] [daqueles] (ângulos internos do outro lado), forem iguais a dois ângulos retos. Suponhamos, então, que FA e GC encontram-se em L. Então as linhas retas LABK e LCDK cercam uma área, o que é impossível. É, por isso, impossível que linhas se encontrem quando os ângulos internos são iguais a dois ângulos retos. Por isso, elas são paralelas.

Figura 1.13 – Duas retas paralelas cortadas por uma terceira reta

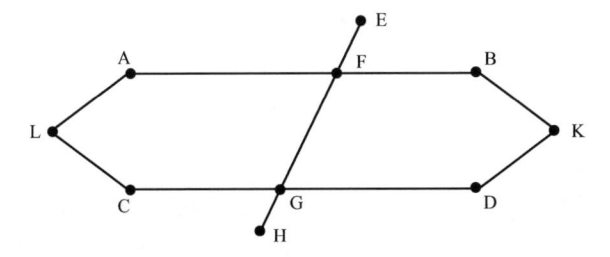

Para a demonstração estar completa, Ptolomeu justificou o que disse e mostrou que, se de um lado essas retas intersectam-se, o mesmo teria de acontecer do outro lado. De acordo com Heath (1968, p. 204, tradução nossa):

> Seria mais claro se tivesse mostrado que os dois ângulos internos num lado de EH são, respectivamente, iguais aos dois ângulos no outro lado, nomeadamente BFG a CGF e FGD a AFG; donde, ao assumir que FB e GD se encontram em K, podemos tomar o triângulo KFG e colocá-lo (por exemplo, através da rotação em torno do ponto médio de FG) de modo a que FG caia onde está GF na figura e GD caia sobre FA, e assim FB tem de cair sobre GC; por isso, como FB e GD se encontram em K, GC e FA também têm de se encontrar num ponto correspondente L.

Proclus, por sua vez, acreditava que o quinto postulado de Euclides era demonstrável, pois poderia ser provado racionalmente, não existindo, por isso, razão para considerá-lo como postulado. Ele acreditava que a verificação não se devia a um fato de probabilidade, já que, intuitivamente, era possível ver que as retas se aproximavam cada vez mais e, portanto, provavelmente se encontrariam. Quando chegou à proposição 29, a primeira demonstração em que Euclides utiliza o quinto postulado, Proclus regressou a essa problemática:

> Como eu disse na parte da minha exposição que precede os teoremas, nem todos admitem que esta proposição geralmente aceite [sic] seja indemonstrável. Como poderia isso ser quando a sua recíproca é registrada entre os teoremas como algo demonstrável? Pois o teorema que, em todo o triângulo, quaisquer dois ângulos internos são menores que dois ângulos retos é a recíproca deste postulado. Visto também o fato que duas linhas retas, quando prolongadas, aproximam-se uma da outra cada vez mais não é, como eu disse anteriormente, um sinal de que elas se encontrarão, porque foram descobertas outras linhas que convergem na direção uma da outra mais e mais, mas nunca se encontram. Por este motivo outros antes de nós classificaram-no entre os teoremas e exigiram uma demonstração disto que foi tomado como um postulado pelo autor dos Elementos. (Proclus, citado por Marques, 2004a)

Como descreve Barbosa (2011, p. 36-37):

> Proclo é um dos que tenta provar o postulado das paralelas. Para provar que "caso uma reta, caindo sobre duas retas, faça os ângulos interiores e do mesmo lado menores do que dois retos, sendo prolongadas as duas retas,

ilimitadamente, encontram-se no lado no qual estão os ângulos menores que dois retos" (EUCLIDES, 2009, p.98), isto é, o quinto postulado, Proclo dividiu a demonstração em duas partes. Primeiro tenta provar que se uma reta corta uma de duas paralelas, então ela cortará a outra, para depois tentar provar o quinto postulado (HEATH, 1968).

I. Se uma reta corta uma de duas paralelas, então ela cortará a outra.

II. Caso uma reta, caindo sobre duas retas, faça os ângulos interiores e do mesmo lado menores do que dois retos, sendo prolongadas as duas retas, ilimitadamente, encontram-se no lado no qual estão os [ângulos] menores que dois retos.

Demonstração:

I. Sejam AB e CD retas paralelas e seja EFG a reta tal que corte AB.

EFG cortará a reta CD também, pois as retas BF e FG, ambas passando pelo ponto F, quando produzidas indefinidamente, têm uma distância maior que qualquer magnitude, inclusive [maior] que o intervalo [da distância] entre as retas paralelas. Como as retas BF e FG se distanciam uma da outra mais que a distância entre as [retas] paralelas, então FG cortará CD.

Observe a Figura 1.14, a seguir.

Figura 1.14 – Duas retas paralelas cortadas por uma terceira reta

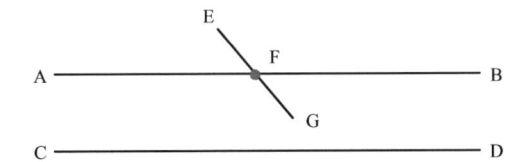

Fonte: Heath, 1968, p. 207, citado por Barbosa, 2011, p. 37.

Barbosa (2011, p. 37) segue sua demonstração afirmando:

II. Sejam AB e CD duas linhas retas e seja EF a reta que cai sobre elas fazendo os ângulos BEF e DFE, que juntos são menores que dois ângulos retos. Quero provar que as retas AB e CD se encontrarão no lado em que os ângulos são menores que dois ângulos retos.

Observe agora a Figura 1.15, a seguir.

Figura 1.15 – Demonstração de Proclus

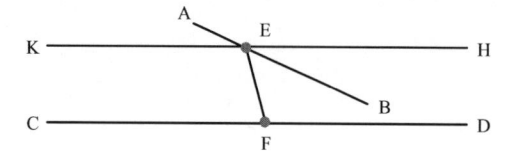

Fonte: Heath, 1968, p. 207, citado por Barbosa, 2011, p. 37.

Barbosa (2011, p. 37-38) ainda finaliza:

> Como os ângulos BEF e DFE são juntos menores que dois retos, seja o ângulo HEB igual ao que falta para BEF e DFE [somados] sejam iguais a dois retos e seja produzida a reta HE passando por K.
>
> Como EF passa por KH e por CD fazendo os ângulos interiores HEF e DFE juntos iguais a dois retos, estas retas KH e CD são paralelas.
>
> Além disso, como AB corta KH, também cortará CD (pelo que mostramos em I). Portanto, AB e CD se encontrarão no lado em que os ângulos formados são menores que dois retos. Desta forma, está demonstrado.
>
> Porém, há um argumento na parte I que não está provado: duas retas distintas que passam por um ponto, quando prolongadas indefinidamente, têm uma distância maior que qualquer magnitude. Segundo Heath (1968), essa tentativa de prova foi criticada, pois da mesma forma que não se pode assumir que duas linhas que continuamente se aproximam uma da outra se encontrarão, não se pode assumir que duas linhas que continuamente divergem, terão uma distância maior que qualquer distância atribuída.

Outro matemático que procurou demonstrar o postulado das paralelas foi John Wallis (1616-1703), antecessor de Isaac Newton (1643-1727), que propôs um novo enunciado para esse postulado. Como procedeu Wallis? Baseando-se na Geometria Euclidiana, que afirma que em triângulos semelhantes lados homólogos são proporcionais, Wallis definiu que qualquer triângulo pode ser ampliado ou reduzido sem distorção, tanto quanto se queira.

Assim, dada uma reta CD e um ponto P fora dela, vamos partir de um ponto Q, pertencente à reta CD, para traçar uma reta perpendicular à reta CD que passa pelo ponto P (reta PQ). Vamos, agora, pelo ponto P, traçar uma reta AB perpendicular à reta PQ.

Ainda pelo ponto P, vamos passar uma reta EF que corta a reta AB, conforme ilustrado na Figura 1.16, a seguir. A reta EF cortará também a reta CD. Sobre a reta EF vamos considerar um ponto R, a partir do qual traçaremos RS perpendicular à reta PQ. Aplicando o postulado de Wallis no triângulo PSR, existe um ponto T em que o triângulo PSR é semelhante ao triângulo PQT. Podemos supor que T e R estão do mesmo lado do segmento PQ. Como os ângulos TPQ e RPS têm um lado comum (PQ e PS) e os pontos T e R estão do mesmo lado da reta PQ, a única maneira de os dois ângulos serem congruentes é se forem iguais. Logo, PR = PT, concluindo-se que T pertence à reta EF. Da mesma forma, os ângulos PQT e PSR (que é reto) são congruentes. Logo, T pertence à reta CD e, em consequência, a reta EF corta a reta CD no ponto T.

Figura 1.16 – Demonstração de Wallis

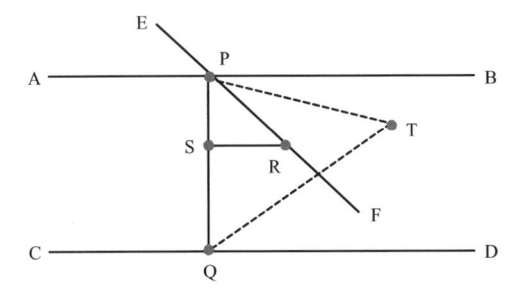

Entretanto, o quinto postulado de Euclides implica no postulado de Wallis. Logo, os dois postulados são equivalentes e o que Wallis fez foi somente propor um novo enunciado ao quinto postulado de Euclides.

O fato de o comportamento de linhas em uma superfície curva ser contrário às regras da geometria de Euclides confundia os matemáticos.

Após Wallis, outro matemático, o italiano Giovanni Girolamo Saccheri (1667-1733), tentou provar que as geometrias de Euclides não poderiam existir, mas acabou mudando de ideia, demonstrando a possibilidade de existirem geometrias alternativas e deduzindo alguns dos princípios da geometria hiperbólica (Rooney, 2012). "Saccheri [...] tentou utilizar a técnica de redução ao absurdo, admitindo a negação do [quinto] postulado [...] com vista a obter algum absurdo ou contradição [...]. Sem o saber Saccheri tinha descoberto a Geometria Não Euclidiana" (O V Postulado..., 2019).

Descobriu-se mais tarde que o caso do ângulo agudo fornece um sistema equivalente à geometria hiperbólica e que o ângulo obtuso resulta na geometria elíptica. Os trabalhos de Saccheri, todavia, tiveram pouco impacto.

1.4 Descobrimento das Geometrias Não Euclidianas: Bolyai, Gauss, Lobachevsky, Riemann

Em 1823, o húngaro János Bolyai (1802-1860) admitiu a negação do quinto postulado de Euclides como hipótese não absurda, ou seja, admitiu-o como um novo postulado, ressurgindo a geometria hiperbólica (Os Elementos..., 2019).

Bolyai e o russo Nicolai Ivanovich Lobachevsky (1792-1856), por volta de 1830, em trabalhos independentes, publicaram produções sobre a geometria hiperbólica. Tais publicações foram reclamadas por Johann Carl Friedrich Gauss (1777-1855), com quem ambos tinham ligação, dizendo que eles, Bolyai e Lobachevsky, haviam publicado o que ele havia escrito e ainda não publicado (Rooney, 2012). As ideias de Gauss só foram publicadas em 1855, após sua morte. Gauss sugeriu tratar as superfícies hiperbólicas e elípticas como espaços, pois, apesar de existirem em três dimensões, elas têm, na verdade, apenas duas dimensões e são necessárias duas variáveis para especificar um ponto nelas.

O alemão Georg Friedrich Bernhard Riemann (1826-1866) ampliou a geometria hiperbólica para trabalhar com superfícies que não têm uma curvatura uniforme. Foi ele quem iniciou o conceito de espaço n-dimensional e usou o cálculo para proporcionar geodésicas a qualquer superfície curva.

Já Gauss, Bolyai e Lobachevsky supuseram que o quinto postulado de Euclides não era verdadeiro e o substituíram por outros axiomas:

a) Por um ponto exterior a uma reta podemos traçar uma infinidade de retas paralelas a essa reta (geometria de Lobachevsky).

b) Por um ponto exterior a uma reta não podemos traçar nenhuma paralela a essa reta (geometria de Riemann).

Assim, as descobertas de Gauss, Bolyai e Lobachevsky mostraram que o quinto postulado de Euclides era independente dos demais, ou seja, não era possível demonstrá-lo com base nos quatro anteriores (Silva, 2011). Desse modo, substituindo o axioma das paralelas, eles verificaram que era possível construir duas geometrias diferentes da Geometria Euclidiana, reconhecidas como *geometrias alternativas*, isto é, partir de um conjunto de axiomas no qual o postulado das paralelas é substituído por um postulado contrário.

Porém, somente mais tarde, em 1854, foi proporcionada uma visão global de geometria em espaços de qualquer dimensão, por meio do matemático Bernhard Riemann, que publicou o enunciado "por um ponto exterior a uma reta não passa nenhuma reta paralela à reta dada", criando, assim, a geometria esférica, que tem como modelo a Terra.

É importante você observar que o reverso de uma superfície hiperbólica é uma superfície elíptica. A parte externa de uma esfera é elíptica, e a parte interna, hiperbólica. Conforme Rooney (2012), embora as superfícies curvas existam no espaço n-dimensional, como mostraram Gauss e Riemann, elas têm apenas duas dimensões próprias. Assim, as superfícies podem ser torcidas de tal forma que pareçam objetos tridimensionais, produzindo anomalias curiosas.

Foi apenas em 1868, no entanto, que Eugenio Beltrami (1835-1900) publicou o primeiro modelo matemático para as Geometrias Não Euclidianas, em *Ensaio de papel*, que conecta a geometria de Riemann à geometria de Lobachevsky e Bolyai. Em tal modelo, Beltrami utilizou uma superfície de curvatura negativa, que denominou *pseudoesfera*. É um modelo para a geometria plana obtido na Geometria Euclidiana em três dimensões, por rotação de uma curva chamada *tractrix* em torno de sua assíntota. Veja a Figura 1.17, a seguir.

Figura 1.17 – Pseudoesfera e tractrix

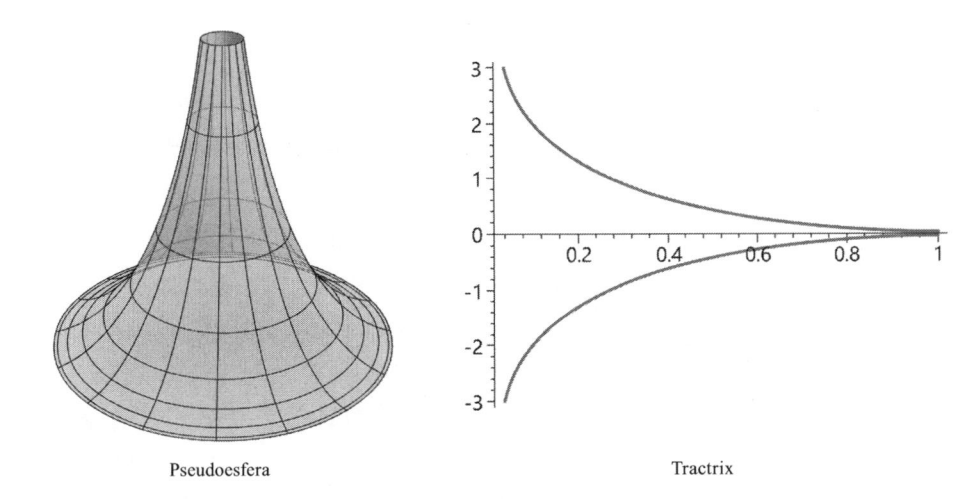

Pseudoesfera

Tractrix

Passamos, então, a ter três sistemas geométricos diferentes em 1871, conforme Felix Christian Klein (1849-1925):

a) a geometria Euclidana, também chamada de *parabólica*;
b) a geometria de Lobachevsky, também chamada de *hiperbólica*;
c) a geometria de Riemann, também chamada de *elíptica* ou *esférica*.

As duas últimas são conhecidas como *Geometrias Não Euclidianas*.

1.5 Tipos clássicos de Geometrias Não Euclidianas

Pelo que vimos até o momento, a Geometria Euclidiana teve sua origem com Euclides de Alexandria, três séculos antes de Cristo, tendo como base cinco axiomas e cinco postulados, além de algumas definições importantes que davam sentido à sua geometria. Tal geometria está ligada ao plano, no qual consideramos a curvatura igual a zero.

Entretanto, seu quinto postulado foi motivo de discórdia e de discussão entre muitos matemáticos que o sucederam e, somente no século XIX, passamos a ter as chamadas *Geometrias Não Euclidianas*: a geometria de Lobachevsky, também conhecida como *hiperbólica*, e a geometria de Riemann, também conhecida como *elíptica* ou *esférica*.

O quinto postulado de Euclides foi substituído pelo axioma "por um ponto exterior a uma reta podemos traçar uma infinidade de retas paralelas a ela" na geometria hiperbólica e pelo axioma "por um ponto exterior a uma reta não podemos traçar nenhuma paralela a essa reta" na geometria elíptica ou esférica. Tais geometrias estão ligadas a superfícies tridimensionais, nas quais a curvatura é diferente de zero.

Mas não são somente esses dois tipos clássicos de Geometrias Não Euclidianas que temos. Conforme Silva (2011, p. 19):

> Podemos ainda considerar como Não Euclidianas a Geometria Projetiva (estudo de pontos de fuga e linhas do horizonte), a Geometria Topológica (conceitos de interior, exterior, fronteira, vizinhança, conexidade, curvas e conjuntos abertos e fechados) e a Geometria dos Fractais (floco de neve e a curva de Koch, triângulo e tapete de Sierpinski).

Síntese

Iniciamos este capítulo com a explicação do método axiomático e vimos que a base da Geometria Euclidiana é, então, formada pelos axiomas e pelos postulados. Antes de entrar no estudo das Geometrias Não Euclidianas, revisamos a Geometria Euclidiana e definimos os cinco postulados de Euclides. Os quatro primeiros postulados são evidentes, o que já não acontece com o quinto, o postulado das paralelas. Durante anos, houve a tentativa de provar o quinto postulado partindo dos quatro primeiros, porém sem sucesso. Entretanto, essas tentativas resultaram em novas descobertas, contribuindo muito para o avanço científico em geral. O húngaro János Bolyai admitiu a negação do quinto postulado de Euclides como hipótese não absurda, ou seja, admitiu-o como um novo postulado, ressurgindo a geometria hiperbólica. Além de Bolyai, Gauss e Lobachevsky também supuseram que o quinto postulado de Euclides não era verdadeiro e o substituíram pelos axiomas que distinguem a geometria hiperbólica da geometria elíptica. Ficava assim provado que o quinto postulado de Euclides era independente dos demais, ou seja, não era possível demonstrá-lo com base nos quatro anteriores.

Atividades de autoavaliação

1) A base da Geometria Euclidiana é formada pelos axiomas e pelos postulados. Considerando essa afirmação verdadeira, qual das alternativas a seguir é correta?

   a. Todo postulado precisa ser demonstrado.
   b. Os axiomas são verdades contestáveis e por isso precisam ser demonstrados.
   c. Podemos considerar postulado e axioma como sinônimos, já que é possível aceitar ambos sem debate.
   d. Jamais podemos aceitar um axioma como um teorema.

2) Na Geometria Euclidiana, temos o seguinte axioma: Por dois pontos distintos de um plano passa uma e só uma reta. Segundo Euclides, ponto é o que não tem partes e reta é um comprimento sem medida. Em relação ao ponto, podemos afirmar:

   a. O ponto não pode ser definido e não apresenta dimensão nem formato, o que garante a precisão de seu uso nas localizações geográficas.
   b. O ponto pode ser definido como o menor espaço entre duas figuras geométricas.
   c. O ponto é o único ente geométrico que não pode ser definido.
   d. O ponto pode ser definido como o menor espaço entre duas retas.

3) O segundo postulado de Euclides define o seguinte: Um segmento de reta pode ser prolongado indefinidamente para construir uma reta. Em relação à reta, podemos afirmar:

   a. A reta pode ser definida como a distância entre dois pontos.
   b. Um segmento de reta não tem início nem fim.
   c. Toda reta tem um ponto de início, mas não tem fim.
   d. As retas são noções primitivas da geometria que não apresentam definição, mas possuem uma única dimensão.

4) O quinto postulado de Euclides, que ficou conhecido como *postulado das paralelas*, é assim definido: Dado um ponto P exterior a uma reta r dada, ambos em um mesmo plano, existe uma única reta s que é paralela à reta r. Baseado nesse postulado, podemos afirmar:

   a. Duas retas em um plano sempre se encontrarão em um ponto.
   b. Se duas retas paralelas, r e s, forem intersectadas por uma reta t, os ângulos formados pelas retas r e s com a reta t, somados, serão iguais a 180°.
   c. Dado um ponto P exterior a uma reta r, existe uma única reta s que é paralela à reta r nas superfícies planas e nas superfícies curvas.
   d. Duas retas paralelas jamais se encontrarão no infinito.

5) Na Geometria Não Euclidiana, podemos ter infinitas retas passando por um ponto *P*, que sejam paralelas a uma reta dada e sem intersectar essa reta. Em relação à Geometria Não Euclidiana, é correto afirmar:

   a. Na Geometria Não Euclidiana, a soma dos ângulos internos de um triângulo é sempre igual a 180°.
   b. A Teoria da Gravitação de Einstein afirma a existência de curvatura no espaço-tempo, o que não necessita das Geometrias Não Euclidianas para sua demonstração.
   c. A Geometria Não Euclidiana modifica o quinto postulado de Euclides.
   d. A Geometria Não Euclidiana é uma geometria baseada em um sistema axiomático semelhante ao da Geometria Euclidiana.

6) As descobertas de Gauss, Bolyai e Lobachevsky mostraram que o quinto postulado de Euclides era independente dos demais, ou seja, não era possível demonstrá-lo com base nos quatro anteriores. Desse modo, substituindo o axioma das paralelas, eles verificaram que era possível construir duas geometrias diferentes da Geometria Euclidiana, reconhecidas como *geometrias alternativas*. Com base no exposto, podemos afirmar:

   a. A geometria de Lobachevsky é também chamada de *elíptica*.
   b. A Geometria Euclidiana é também chamada de *hiperbólica*.
   c. A geometria de Lobachevsky é também chamada de *parabólica*.
   d. A geometria de Riemann é também chamada de *esférica*.

2
Geometria hiperbólica

No Capítulo 1, definimos o seguinte axioma: Por um ponto exterior a uma reta podemos traçar uma infinidade de retas paralelas a essa reta (geometria de Lobachevsky). De maneira mais simples, o postulado proposto por Lobachevsky foi: Para toda reta r e todo ponto P fora de r, há pelo menos duas paralelas distintas a r que passam por P.

A *geometria hiperbólica* foi proposta por Lobachevsky, mas essa denominação só foi dada alguns anos após sua morte, pelo matemático Felix Klein (1849-1925), em 1871. Conforme Trudeau (1987, p. 159, citado por Barbosa, 2011, p. 45), "de acordo com a etimologia, a palavra hipérbole está relacionada a excesso e, nesta geometria, o número de paralelas a uma reta dada passando por um ponto excede o número (um) da geometria euclidiana".

Lobachevsky estabeleceu uma geometria imaginária e, nela, definiu o ângulo de paralelismo. Em um plano dessa geometria imaginária, "todas as retas que saem de um ponto, com relação a outra reta, podem ser divididas em duas classes, as que a cortam e as que não a cortam. As retas que estão no limite entre uma classe e outra são chamadas paralelas à reta dada" (Barbosa, 2011, p. 45).

Entretanto, observe que, segundo Rosenfeld (1988), apesar de uma reta r não cruzar com uma reta s, não significa que r e s sejam paralelas. As retas paralelas são aquelas que formam o ângulo de paralelismo com a perpendicular à reta dada, ou seja, as retas que estão no limite entre as retas que cruzam a reta dada e as que não cruzam. Como exemplifica Barbosa (2011, p. 45), "dada uma reta [r], traçava-se uma perpendicular [a ela], de tamanho a, passando pelo ponto C (pertencente à reta inicial [r]) e por um outro ponto, B [exterior à reta r]". Observe a Figura 2.1, a seguir.

Figura 2.1 – Ângulo de paralelismo na geometria imaginária

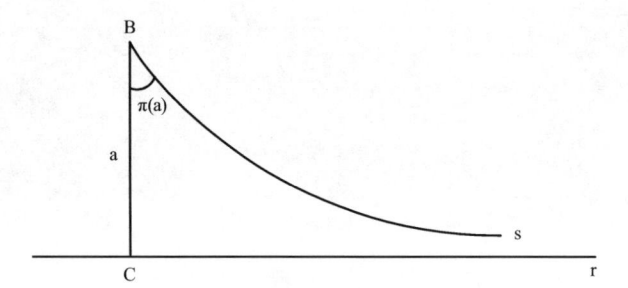

Fonte: Elaborado com base em Rosenfeld (1988).

Barbosa (2011, p. 45-47) ainda prossegue:

> Em B, passava uma [reta s] paralela à reta inicial [r]. O ângulo entre a perpendicular [BC] e a [reta] paralela [reta s] foi chamado de ângulo de paralelismo. No caso da geometria euclidiana, este ângulo era sempre $\frac{\pi}{2}$ [ou seja, igual a 90°], enquanto na geometria imaginária, este ângulo dependia de a, isto é, era uma função de a, que inicialmente Lobachevsky denotou por F(a) e, posteriormente, por π(a). [...]
>
> Tem-se, então, $\lim_{a \to 0} \pi(a) = \frac{\pi}{2}$ e $\lim_{a \to \infty} \pi(a) = 0$. Isso quer dizer que quanto menor o valor de a, mais próximo se está da geometria euclidiana, isto é, quando as distâncias são pequenas, o plano hiperbólico se assemelha muito ao euclidiano. Lobachevsky mostrou ainda que para todo ângulo [...] [α] há um valor a, tal que α = π(a) (ROSENFELD, 1988, p. 221).

Importantes consequências são decorrentes do axioma hiperbólico:

- Para toda reta [...] [r] e todo ponto P fora de [...] [r], há infinitas paralelas [...] que passam por P.
- Retângulos não existem – a existência de retângulos implica no postulado das paralelas de Hilbert (Para toda reta [...] [r] e todo ponto P fora de [...] [r], há no máximo uma reta [...] [s] que passa por P, tal que [...] [s] é paralela a [...] [r]).
- Na geometria hiperbólica, todos os triângulos têm a soma dos ângulos internos menor que 180°.
- Por consequência, na geometria hiperbólica, todos os quadriláteros convexos têm a soma dos ângulos internos menor que 360°.

- Não existem triângulos semelhantes não congruentes, ou seja, é impossível ampliar ou reduzir um triângulo sem distorção.
- O ângulo determina o tamanho do lado de um triângulo.

Estamos falando de geometria hiperbólica. Mas você se lembra da hipérbole, de seus elementos e de suas equações? Vamos recordar agora.

2.1 Hipérbole

Notação

$|x|$ – módulo (distância do número à origem);
$\overline{XY}$ – segmento de reta de um ponto a outro.

De acordo com Leite e Castanheira (2017, p. 121):

> A hipérbole é o lugar geométrico dos pontos de um plano em que a diferença das distâncias d_1 e d_2 a dois pontos fixos F_1 e F_2, denominados *focos*, nesse mesmo plano, é constante e igual ao eixo transverso da hipérbole.
>
> Assim, vamos considerar, [...] [no Gráfico 2.1], a seguir, os pontos X, Y e Z sobre a hipérbole, sendo F_1 e F_2 os focos. [...]
>
> Dessa configuração, temos:
>
> $d_{XF1} - d_{XF2} = 2 \cdot a$
>
> $d_{YF1} - d_{YF2} = 2 \cdot a$
>
> $d_{ZF1} - d_{ZF2} = 2 \cdot a$

Gráfico 2.1 – Hipérbole e seus elementos

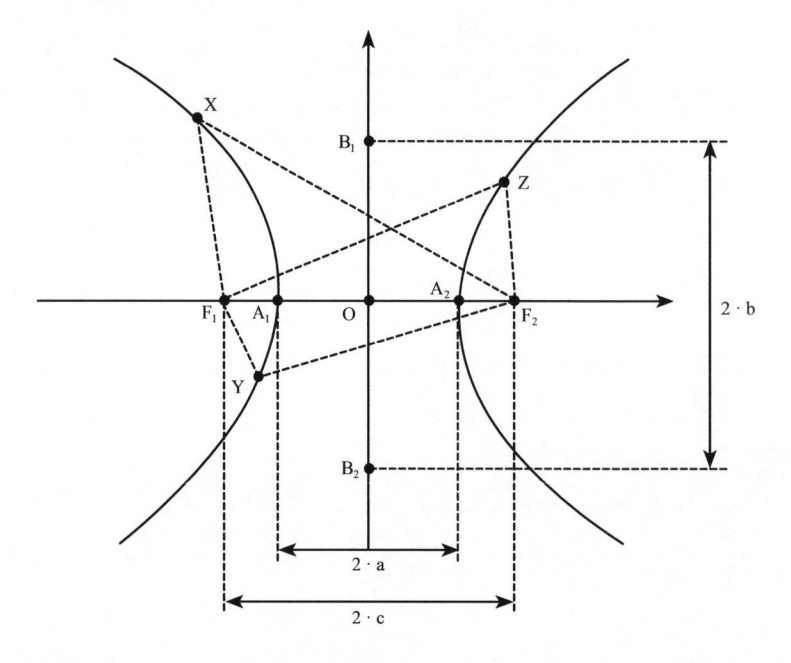

Fonte: Leite; Castanheira, 2017, p. 121.

2.1.1 Elementos de uma hipérbole

Para definirmos os elementos de uma hipérbole, vamos considerar novamente o Gráfico 2.1. Nele, temos que:

F_1 e F_2 são os focos da hipérbole.

A_1 e A_2 são os vértices da hipérbole.

O é o centro da hipérbole e o ponto médio de $\overline{F_1F_2}$.

$\overline{A_1A_2}$ é o *eixo transverso* ou *real* da hipérbole: $\overline{A_1A_2} = 2 \cdot a$.

$\overline{B_1B_2}$ é o *eixo não transverso* ou *imaginário* da hipérbole: $\overline{B_1B_2} = 2 \cdot b$.

$\overline{F_1F_2}$ é a *distância focal*: $\overline{F_1F_2} = 2 \cdot c$

É importante observar que:

a. $c > a$.
b. quando $a = b$, a hipérbole é equilátera.
c. as definições de *raios vetores*, *círculos diretores* e *círculo principal* são idênticas às da elipse.
d. para a determinação dos pontos B_1 e B_2, faz-se centro em A_2 com raio igual a c. (Leite; Castanheira, 2017, p. 122)

2.1.2 Relação entre os eixos e a distância focal de uma hipérbole

Observe o triângulo OA_2B_1 no Gráfico 2.2, a seguir, nele temos $a^2 + b^2 = c^2$ (essa é a relação entre os eixos e a distância focal). Quando $a = b$, a hipérbole é equilátera e $2a^2 = c^2$, ou seja, $c = a\sqrt{2}$.

Gráfico 2.2 – Relação entre os eixos de uma hipérbole

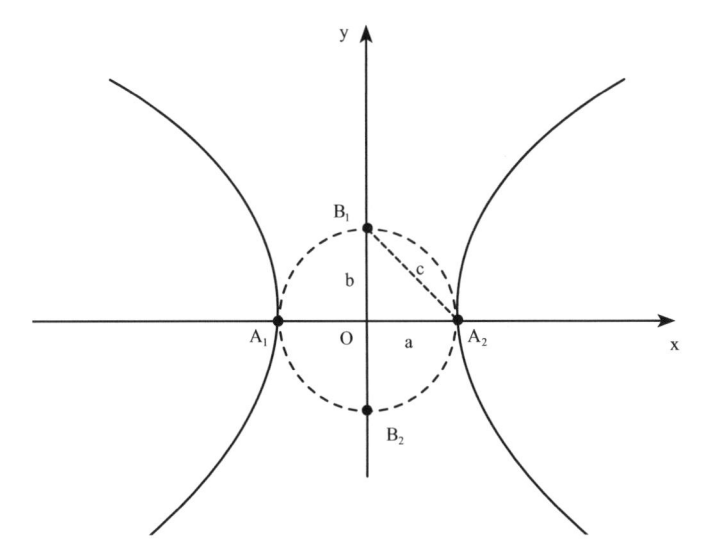

Fonte: Leite; Castanheira, 2017, p. 122.

Assim, a equação geral de uma hipérbole é $\dfrac{(x-h)^2}{a^2} - \dfrac{(y-k)^2}{b^2} = 1$, e a forma reduzida da equação da hipérbole, quando o centro está na origem dos eixos cartesianos e seu eixo focal é o eixo horizontal, é $\dfrac{x^2}{a^2} - \dfrac{y^2}{b^2} = 1$.

Lembre-se de que o ponto $P(x, y)$ pertence à hipérbole e de que $c > a > 0$. Além disso, caso o eixo focal da hipérbole esteja sobre o eixo vertical, a equação da hipérbole será $\dfrac{y^2}{a^2} - \dfrac{x^2}{b^2} = 1$.

2.2 Independência do postulado das paralelas

No Capítulo 1, vimos que muitos matemáticos tentaram provar o quinto postulado de Euclides, conhecido como *postulado das paralelas*. Abordamos inicialmente Cláudio Ptolomeu (90-168), Proclus Lício (412-485), John Wallis (1616-1703), Giovanni Girolamo Saccheri (1667-1733) e, posteriormente, János Bolyai (1802-1860), Carl Friedrich Gauss (1777-1855), Nikolai Ivanovich Lobachevsky (1792-1856). Vimos que, somente em 1868, Eugenio Beltrami (1835-1900) publicou *Ensaio de papel*, o primeiro modelo matemático para as Geometrias Não Euclidianas, conectando a geometria de Georg Friedrich Bernhard Riemann (1826-1866) à geometria de Lobachevsky e Bolyai.

A tentativa de provar o quinto postulado de Euclides por meio dos outros quatro foram várias e não se restringiram aos nomes aqui citados. Outros matemáticos também tentaram, como Johann Heinrich Lambert (1728-1777), John Playfair (1748-1819) e Adrien-Marie Legendre (1752-1833), mas não conseguiram.

Playfair, por exemplo, escreveu um axioma utilizado até hoje, equivalente ao quinto postulado de Euclides, que diz: Dado um ponto P fora de uma reta r, existe uma só reta no plano de P e de r que contém P e não intersecta r. Em outras palavras, existe uma única reta que contém o ponto P e é paralela à reta r.

Somente no século XIX, dois mil e duzentos anos depois de publicada a obra *Os Elementos*, foi verificado que o quinto postulado de Euclides não poderia ser provado nem como verdadeiro nem como falso por meio dos outros quatro. Logo, o postulado das paralelas era independente dos demais. Nesse contexto, foram publicados trabalhos sobre a Geometria Não Euclidiana, nascendo a geometria hiperbólica. O axioma que substituiu o postulado das paralelas afirma que: Dada uma reta r e um ponto P exterior a ela, existem pelo menos duas retas distintas que contêm o ponto dado e que são paralelas à reta dada.

2.3 Modelo de Poincaré

Em 1822, o francês Henri Poincaré (1854-1912) apresentou um segundo modelo matemático para as Geometrias Não Euclidianas, ou seja, um segundo modelo para a geometria hiperbólica, conhecido como *disco de Poincaré*. Observe a Figura 2.2, a seguir, na qual todos os arcos representam retas.

Lembre-se de que a geometria do plano hiperbólico é a geometria das superfícies curvas que têm curvatura negativa constante, de tal forma que a soma dos ângulos internos de um triângulo seja menor que 180°, como veremos no Capítulo 3.

Figura 2.2 – Disco de Poincaré

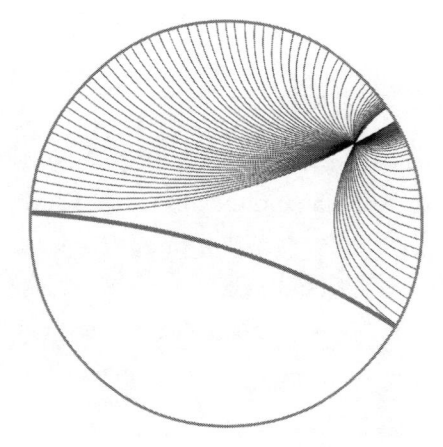

O disco de Poincaré foi idealizado com base na Geometria Euclidiana, mas utilizando os postulados da geometria hiperbólica; ele é constituído pelos pontos do interior de um círculo euclidiano, que é o plano nesse modelo (plano hiperbólico). Logo, se houver alguma inconsistência na geometria hiperbólica, também haverá inconsistência na Geometria Euclidiana.

O que é

Para o entendimento do disco de Poincaré, precisamos recordar as circunferências ortogonais: duas circunferências secantes são ortogonais se as respectivas tangentes nos pontos de interseção forem perpendiculares. Observe a Figura 2.3, a seguir.

Figura 2.3 – Circunferências ortogonais C e D

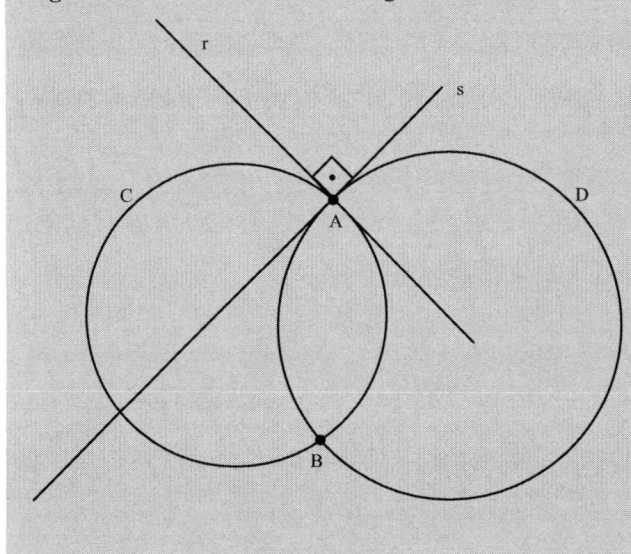

Notação

E – plano euclidiano;

D_P – disco de Poincaré;

X – pontos pertencentes ao plano;

∈ – pertence;

| – tal que.

Conforme Magalhães (2015, p. 41, grifo do original):

Consideremos o plano euclidiano $\mathbb{E}$. Fixado um ponto O e um valor real r positivo definimos o Disco de Poincaré como o conjunto de todos os pontos pertencentes ao plano euclidiano que são interiores (sem a fronteira) à circunferência de centro O e raio r, ou seja, $D_P = \{X \in E \mid d(X, O) < r\}$, sendo d a distância euclidiana [entre X e O].

Na geometria hiperbólica, o plano, que denominaremos *h-plano*, é uma região ilimitada. O plano hiperbólico do disco de Poincaré, entretanto, é uma região restrita no plano euclidiano. Portanto, é a região limitada por uma circunferência C, ou seja, um disco (O é o centro de C).

Nesse sentido, é importante destacar que os pontos internos a essa circunferência são denominados *pontos do plano hiperbólico* e os pontos da circunferência são denominados *pontos ideais* ou *horizonte hiperbólico*. Observe que as retas, nesse modelo, são arcos de circunferência, de modo que as interseções do arco e da circunferência, a qual delimita o espaço, formam ângulos retos.

Todos os arcos da Figura 2.2, apresentada anteriormente, retratam retas. As retas no disco de Poincaré são representadas pelos diâmetros do plano hiperbólico e por arcos abertos de circunferências ortogonais a C. Tais retas são chamadas *retas hiperbólicas (h-reta)*. Um h-segmento é um arco de extremos A e B contido em uma h-reta (Silva, 2011). Observe a Figura 2.4, a seguir.

Figura 2.4 – Elementos do disco de Poincaré

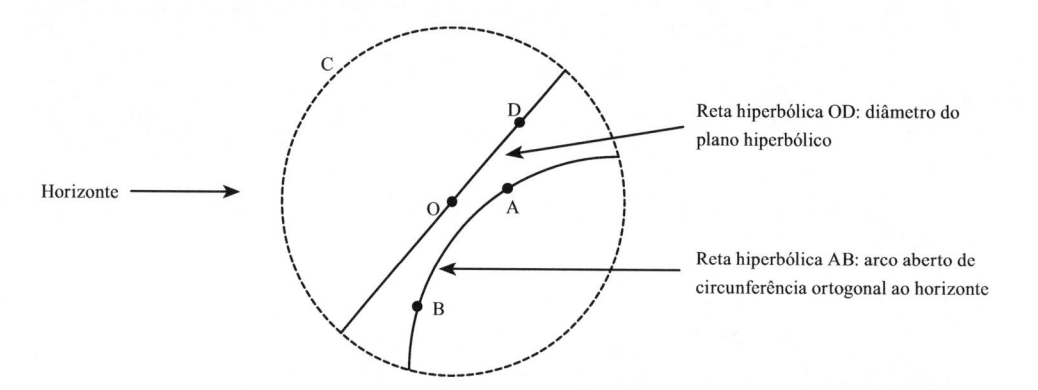

Observe que os pontos de interseção das retas hiperbólicas com o horizonte são pontos que não pertencem ao plano hiperbólico. Tais pontos são chamados de *pontos ideais* ou *pontos finais* da reta hiperbólica.

2.4 Distância entre dois pontos no disco de Poincaré

Ribeiro (2013, p. 106), explicou de maneira intuitiva como é a noção de distância no disco de Poincaré:

> O Disco é um espaço infinito, no seguinte sentido: uma criatura habitando este mundo bidimensional pode caminhar na direção do horizonte, com passos de mesmo tamanho sem nunca chegar ao fim de sua caminhada. Um observador externo vê os passos da pessoa irem se tornando cada vez menores, mas isto é uma distorção da distância para quem está olhando o caminho hiperbólico com "olhos euclidianos".

Com base na explicação, observe a Figura 2.5, a seguir, na qual temos os primeiros passos da "criatura", representados pelos pontos de A a F no disco de centro O. A partir do ponto F, outros tantos passos iguais podem ser dados sem que a criatura jamais chegue ao horizonte (Ribeiro, 2013).

Figura 2.5 – Segmentos hiperbólicos congruentes tendendo ao infinito

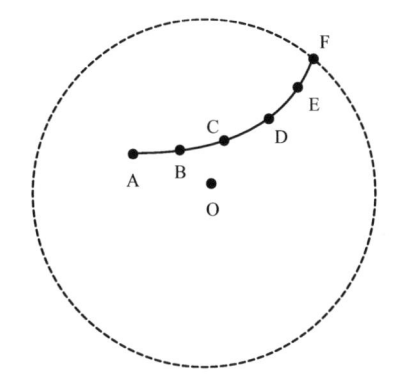

Fonte: Elaborado com base em Ribeiro, 2013.

Conforme Ribeiro (2013, p. 107), "Todos os h-segmentos ilustrados na figura [...] possuem mesmo comprimento hiperbólico, apesar de aos 'olhos euclidianos' o h-segmento [...] [BC] pareça ser maior que o h-segmento [...] [CD]. Isso ocorre porque, aos 'olhos euclidianos', as distâncias são distorcidas nesse modelo".

Poincaré, por sua vez, introduziu modelos locais abstratos para a geometria hiperbólica com uma nova noção de distância para pontos do plano. Esses modelos foram utilizados por ele no estudo de variáveis complexas. Lembre-se de que a distância entre dois pontos A e B é o menor dos comprimentos das trajetórias que ligam A a B. No plano euclidiano (a geometria plana), esse menor comprimento é o segmento de reta $\overline{AB}$, e o seu comprimento é a distância entre A e B. Na geometria hiperbólica, o caminho mais curto entre dois pontos é descrito como um semicírculo. Esse caminho mais curto entre dois pontos em um espaço tridimensional é chamado de **geodésica**.

Nesse sentido, como podemos calcular a distância entre dois pontos no disco de Poincaré, sendo que temos uma superfície esférica, em que os segmentos de reta são curvos? O cálculo é feito pela seguinte expressão:

$$d(A, B) = \left| \ln \frac{AP \cdot BQ}{BP \cdot AQ} \right|$$

Observe que utilizamos o módulo na expressão para evitar medidas negativas.

A medida do segmento hiperbólico AB, representada na fórmula por d(A, B), é chamada *razão cruzada*, e os pontos P e Q são pontos ideais (pontos pertencentes à circunferência). Observe a Figura 2.6, a seguir.

Figura 2.6 – Cálculo da distância entre dois pontos no disco de Poincaré

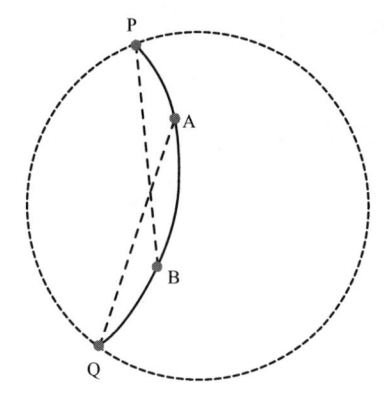

Caso tenhamos um segmento AA, isso significa que ele é um segmento nulo. Então, temos que $d(A, B) = \left| \ln \frac{AP \cdot AQ}{AP \cdot AQ} \right|$, em que substituiremos B por A. Logo, a distância de A até A será $d(A, A) = \left| \ln \frac{AP \cdot AQ}{AP \cdot AQ} \right| = |\ln 1|$.

Como o logaritmo de 1 é igual a 0, temos que a medida de um segmento nulo é igual a 0, ou seja, d(A, A) = ln 1 = 0.

Mas a distância de A até B é igual à distância de B até A, como na Geometria Euclidiana? Vejamos:

> d(B, A) = inverso da medida d(A, B).
> Logo, se d(A, B) mede x, d(B, A) medirá $\frac{1}{x}$.
>
> Como d(A, B) = |ln x|, temos que d(B, A) = $\left|\ln\frac{1}{x}\right|$.
>
> Sabemos que $\ln\frac{1}{x} = \ln 1 - \ln x = 0 - \ln x = -\ln x$.
>
> Então $\left|\ln\frac{1}{x}\right| = |-\ln x|$.
>
> Ou seja, d(A, B) = d(B, A)

2.5 Paralelismo na geometria hiperbólica

Vamos, aqui, reforçar que o disco de Poincaré é um modelo para o sistema axiomático da geometria hiperbólica baseado no seguinte axioma de Lobachevsky: Para toda reta r e todo ponto P fora de r, há pelo menos duas paralelas distintas a r que passam por P. Observe a Figura 2.7, a seguir.

Notação

// – paralelo a;

≠ – diferente de;

⊥ – perpendicular a;

∩ – intersecta;

φ – conjunto vazio.

Figura 2.7 – Retas hiperbólicas no disco de Poincaré

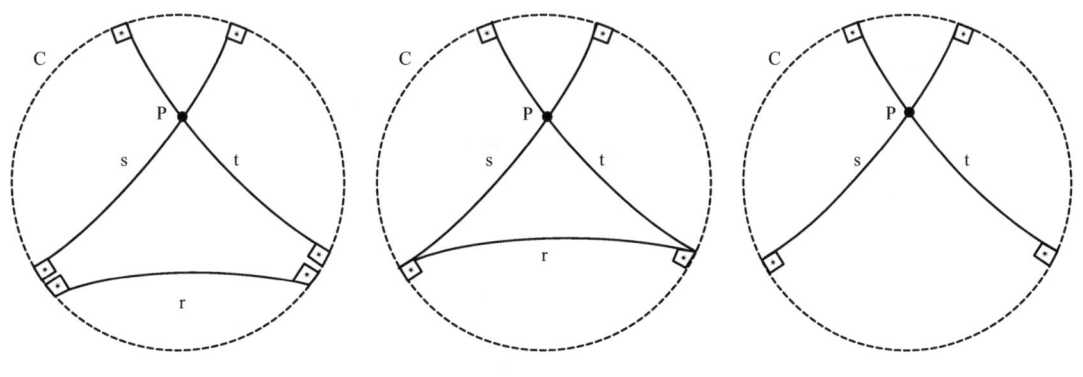

r//s; r//t; P ∈ s; P ∈ t; s ≠ t; s ⊥ t

Para melhor compreendermos o disco de Poincaré, vamos analisar as proposições a seguir.

Proposição 2.1

Seja uma reta r e um ponto P não pertencente à reta r. Então, existem infinitas retas que passam por P e não intersectam r.

Sabemos pelo postulado de Lobachevsky que temos as retas s e t passando pelo ponto P, tal que $r \cap s = r \cap t = \phi$.

Observe a Figura 2.8, a seguir, na qual as retas s e t dividem o plano hiperbólico em quatro regiões angulares, numeradas de 1 a 4.

Figura 2.8 – Infinitas retas paralelas à reta r passando por um ponto P fora da reta r, com 4 regiões angulares

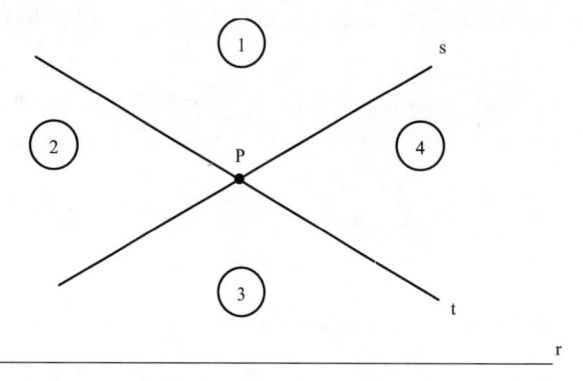

Para a demonstração, partindo do ponto P, vamos baixar uma perpendicular à reta r até o ponto Q. Vamos traçar também uma reta u qualquer passando pelos pontos P e R. Confira a Figura 2.9, a seguir.

Figura 2.9 – Ângulos para demonstração de infinitas paralelas à reta r passando por um ponto P fora da reta r

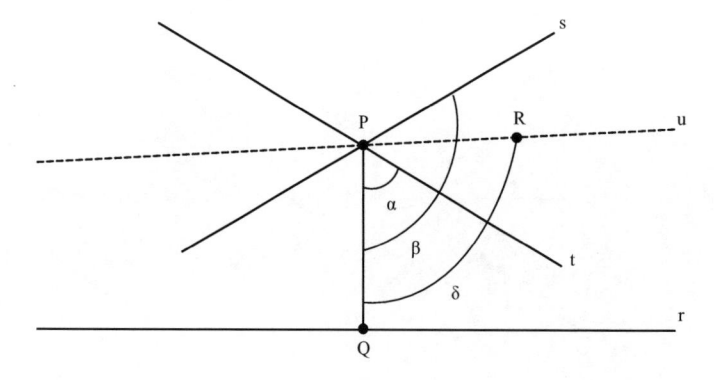

Temos na Figura 2.9 três ângulos a considerar:

1. o ângulo α, formado pelas retas t e $\overline{PQ}$;
2. o ângulo β, formados pelas retas s e $\overline{PQ}$;
3. o ângulo δ, formado pelas retas u e $\overline{PQ}$.

O ponto R pertence a uma das regiões angulares, de modo que $\delta = R\hat{P}Q$. Observe que o ângulo δ está contido na região do ângulo β, mas não está contido na região do ângulo α, uma vez que $\alpha < \delta$.

Como a reta u passa pelos pontos P e R, $u \neq t$ e $u \neq s$. A reta u está contida nas regiões 2 e 4 da Figura 2.8. Observe que as regiões 2 e 4 são opostas pelo vértice P, e o vértice P não contém r. Então, $u \cap r = \phi$. Logo, temos o triângulo PQA (veja a Figura 2.10, a seguir) e a reta t entra em PQA pelo vértice P.

O axioma de Pasch afirma que toda reta traçada de um ponto do triângulo ABC a um de seus pontos internos intersectará o triângulo, se prolongada, em mais um ponto. Podemos, ainda, entender esse axioma como: Sejam A, B e C três pontos não colineares e r uma reta que não contém nenhum desses pontos; se r corta o segmento $\overline{AB}$, então ela também corta o segmento $\overline{AC}$ ou o segmento $\overline{CB}$. Assim, segundo Pasch, $t \cap \overline{QA} \neq \phi$, o que é uma contradição.

Figura 2.10 – Utilização do axioma de Pasch para demonstração de infinitas paralelas à reta r passando por um ponto P fora dela

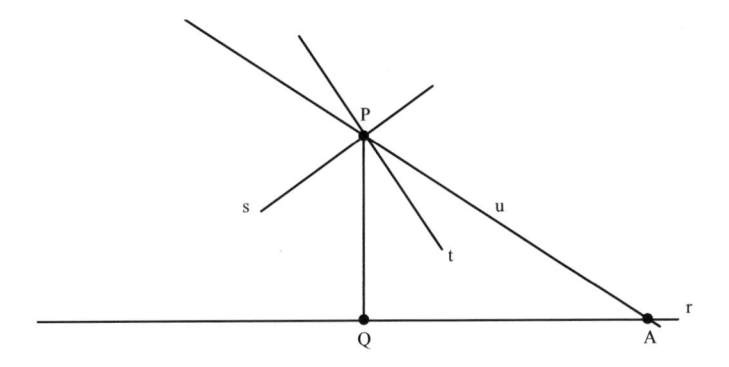

Observe que a reta s entra no triângulo PQA por P. Ainda segundo Pasch, $s \cap \overline{QA} \neq \phi$, o que também é uma contradição. Logo, $u \cap r = \phi$.

Como podem haver infinitos pontos R, concluímos que podemos ter infinitas retas u que passam por P e não intersectam a reta r.

Proposição 2.2

Seja uma reta r e um ponto P não pertencente a ela. Vamos considerar dois conjuntos:

1. C_1 = conjunto das retas que passam pelo ponto P e não intersectam a reta r;
2. C_2 = conjunto das retas que passam pelo ponto P e intersectam a reta r.

Existem exatamente duas retas s e t do conjunto C_1 que determinam, no h-plano, dois pares de regiões angulares, R_1 e R_2, opostas pelo vértice P, tal que $C_1 = R_1$ e $C_2 = R_2$.

Observe a Figura 2.11, a seguir.

Figura 2.11 – Regiões angulares no disco de Poincaré

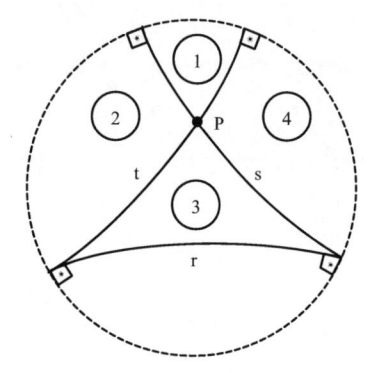

Antes da demonstração dessa segunda proposição, vamos definir o axioma de Dedekind: Suponha que o conjunto de todos os pontos de uma reta r está na união dos conjuntos não vazios C_1 e C_2. Suponha ainda que nenhum ponto de C_1 está entre dois pontos de C_2 e vice-versa. Então, existe um único ponto $O \in r$, de tal forma que O esteja entre P_1 e P_2 se, e somente se, $P_1 \in C_1$, $P_2 \in C_2$, $O \neq P_1$ e $O \neq P_2$.

Para a demonstração desse axioma, a partir do ponto P, vamos baixar uma perpendicular à reta r até o ponto Q. Confira a Figura 2.12, a seguir. Depois, vamos traçar uma reta s perpendicular ao segmento $\overline{PQ}$ passando pelo ponto P. Logo, as retas r e s são paralelas.

Sobre essa reta s, vamos escolher dois pontos A e B, de modo que o ponto P esteja entre A e B. Vamos agora unir os pontos A ao Q e B ao Q, construindo o triângulo ABQ. Se o ponto P pertence ao lado $\overline{AB}$ do triângulo, então todas as retas que passam por P, exceto a reta s, são retas que intersectam a reta s em algum ponto. Logo, também cortam o segmento $\overline{AQ}$ ou o segmento $\overline{QB}$. Observe, por exemplo, que no segmento $\overline{BQ}$ cada ponto representa uma das retas que passa pelo ponto P, no caso, os pontos C e D. Lembre-se de que $C_1 \cap C_2 = \phi$, $B \in C_1$ e $Q \in C_2$.

Além disso, se um ponto C ∈ C_2, então QC ⊂ C_2. Observe que, na Figura 2.12, a reta que passa por *P* e por *C* intercepta a reta *r* no ponto C'. Desse modo, dado o triângulo PQC', toda reta que penetra nesse triângulo pelo vértice *P* intercepta $\overline{QC'}$.

Da mesma forma, se um ponto D ∈ C_1, então BD ⊂ C_1. Segue-se, assim, do axioma de Dedekind para os números reais, que valem para os pontos de uma reta ou de um segmento, que existe exatamente um ponto *S* que separa os conjuntos C_2 e C_1. A pergunta é: Esse ponto de separação pertence ao conjunto C_2 ou ao conjunto C_1?

Suponha uma reta que intercepte o segmento $\overline{BQ}$ em um ponto S ∈ C_2. Logo, a reta que passa por *P* e *S* intersecta *r* em um ponto S'. Tome agora qualquer ponto da semirreta de origem *Q* passando por S' e que esteja fora do segmento $\overline{QS'}$. É claro que essa reta intersecta $\overline{BQ}$ em um ponto que fica fora do segmento $\overline{QS}$, o que é um absurdo. Logo, S ∈ C_1.

Figura 2.12 – Existência de duas retas paralelas a reta *r*, passando por um ponto *P*

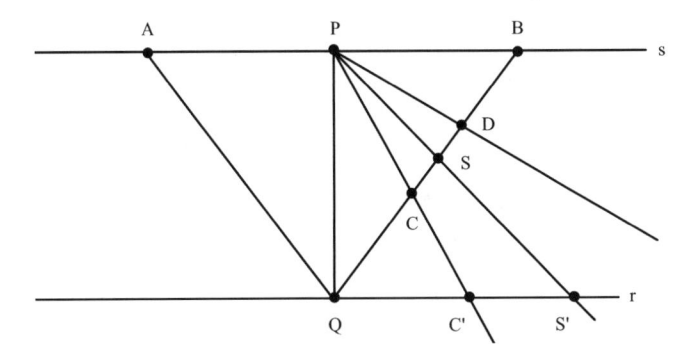

Segundo Piovesan e Binotto (2003, p. 149), "O mesmo raciocínio pode agora ser repetido com o segmento [...] [$\overline{AQ}$], obtendo-se outro ponto de separação daquele lado. Esses dois pontos correspondem a retas que separam todas as retas que passam pelo ponto P em duas categorias – as que interceptam [...] [r] e as que não interceptam [...] [r]", de modo que $C_1 = R_1$ e $C_2 = R_2$, como desejávamos demonstrar. Observe a Figura 2.13.

Figura 2.13 – Comprovação da segunda Proposição 2.2

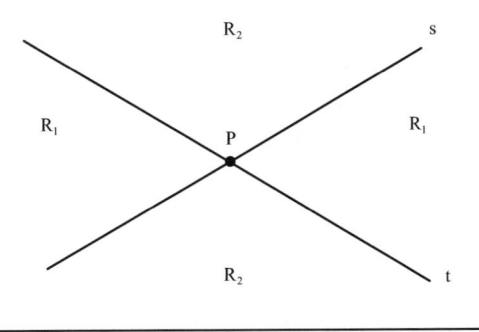

Proposição 2.3

Seja uma reta *r* e um ponto *P* fora dela, as retas paralelas à reta *r* que passam pelo ponto *P* formam ângulos agudos iguais, ou seja, congruentes com a perpendicular à reta *r* que passa por *P*.

O que é

A Proposição 2.3 refere-se a ângulos. Recordemos que, quando medido em graus (°), um ângulo que tenha 90° é chamado de *reto*, um ângulo que seja menor que 90° é chamado de *agudo* e um ângulo que seja maior que 90° é chamado de *obtuso*.

Partindo do ponto *P*, vamos baixar uma perpendicular até o ponto *Q*, pertencente à reta *r*. Sejam as retas *s* e *t* paralelas à reta *r*, que formam com o segmento PQ ângulos α e β, respectivamente, façamos o ângulo α maior que o ângulo β. Tracemos agora uma reta *u* passando pelo ponto *P* e que corte a reta *r*, de tal forma que o ângulo formado entre essa reta *u* e o segmento PQ seja igual a β. Como β < α, temos que a reta *u* cortará *r* em um ponto que denominaremos *R*. Agora, marquemos sobre a reta *r* um ponto *S*, de modo que o ponto *Q* seja o ponto médio do segmento RS. Analise a Figura 2.14, a seguir.

Se traçarmos agora uma reta *v* unindo o ponto *P* ao ponto *S*, teremos, por construção, dois triângulos congruentes, a saber: PQR e PQS. Observe que o lado PQ é comum aos dois triângulos, e os ângulos $P\hat{Q}R$ e $P\hat{Q}S$ são ângulos retos. Como o ponto *Q* é o ponto médio do segmento RS, temos que os lados QR e QS também são iguais. Por consequência, o ângulo $Q\hat{P}S$ deve ser igual ao ângulo $Q\hat{P}R$, que, por sua vez, é igual a β, o que é uma contradição. Então, α = β.

Figura 2.14 – Ângulos formados pelas retas paralelas à reta *r*

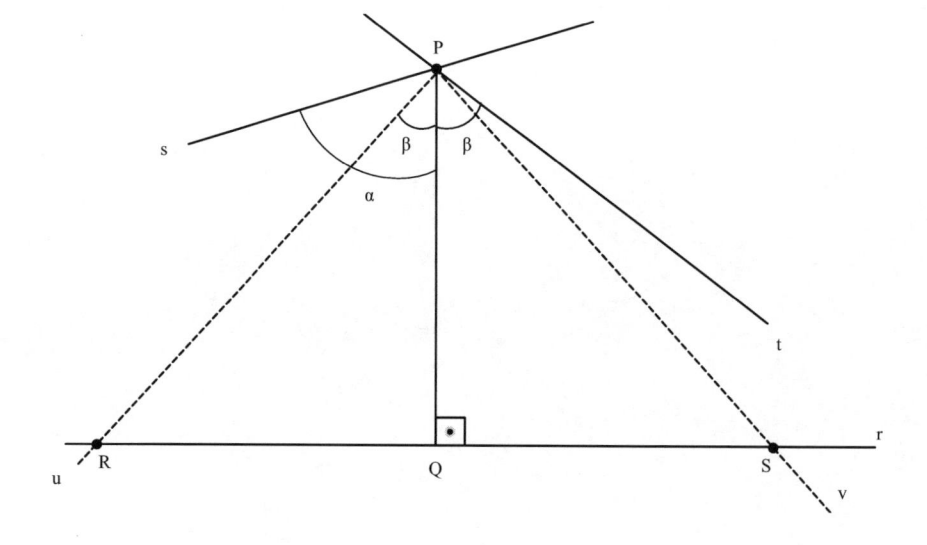

Vejamos agora a Figura 2.15, a seguir, para demonstrar que esses ângulos são agudos. Suponha que as retas *s* e *t* são paralelas e que a medida do ângulo entre elas é igual a α. Considere ainda que a medida do ângulo entre essas retas e o segmento PQ são iguais a β.

Figura 2.15 – Demonstração de que os ângulos de paralelismo são agudos

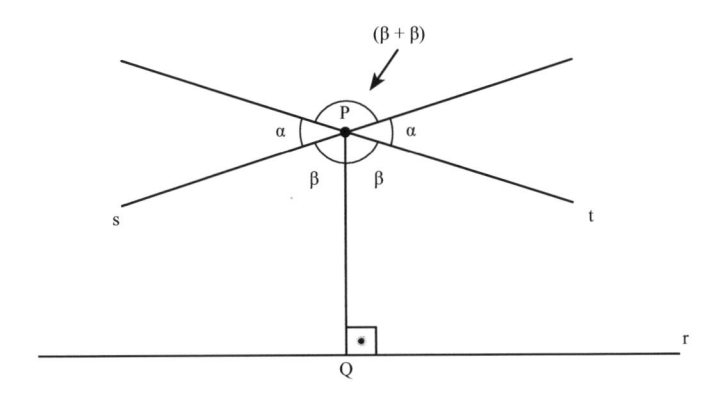

Sabemos que α + α + β + β + (β + β) = 360°

$2α + 4β = 360°$

$α + 2β = 180°$

$2β = 180° − α$

$β = 90° − \dfrac{α}{2}$

Logo, β é um ângulo agudo, pois é menor que 90°.

2.6 Modelo do semiplano de Poincaré

No modelo do disco de Poincaré, podemos fazer com que o raio do círculo limite cresça infinitamente. Dessa forma, esse círculo degenera-se em um semiplano, que denominamos *modelo do semiplano de Poincaré* ou *modelo do semiplano superior*. Observe que, nesse modelo, as retas são os semicírculos que têm centro na reta obtida da degenerescência do antigo círculo dos infinitos. Tais retas são chamadas de *retas dos infinitos*.

As retas perpendiculares à reta dos infinitos podem ser entendidas como semicírculos de raio infinito. Observe a Figura 2.16, a seguir.

Conforme Arcari (2008, p. 43), "Neste modelo as retas hiperbólicas [...] são semicírculos contidos no semiplano euclidiano e com centro na fronteira do mesmo, ou semirretas euclidianas contidas no semiplano e perpendiculares à fronteira do mesmo", como ilustrado na Figura 2.16.

Figura 2.16 – Retas hiperbólicas no modelo do semiplano de Poincaré

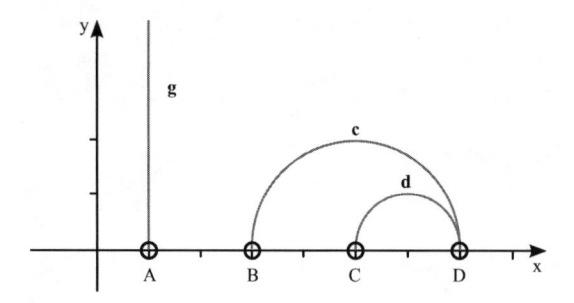

O plano da geometria hiperbólica (plano hiperbólico) é $H = \{(x, y) \in R^2 \mid y > 0\}$. Observe que g // c e que c // d. Nesse plano, há dois tipos de retas:

1. $r_a = \{(a, y) \mid y > 0\}$, com $a \in R$;
2. $r_{c,r} = \{(x, y) \in R^2 \mid (x - a)^2 + y^2 = r^2\}$, com $a \in R$ e $r > 0$, sendo a = centro e r = raio.

Vejamos isso com mais detalhes.

Você estudou anteriormente neste capítulo o disco de Poincaré. Nesse estudo, de acordo com Magalhães (2015, p. 41, 46, grifo do original):

> Consideremos o plano euclidiano $\mathbb{E}$. Fixado um ponto O e um valor real r positivo definimos o Disco de Poincaré como o conjunto de todos os pontos [X] pertencentes ao plano euclidiano [E] que são interiores (sem a fronteira) à circunferência de centro O e raio r, ou seja, $D_P = \{X \in E \mid d(X, O) < r\}$, sendo d a distância euclidiana [entre X e O].
>
> [...]
>
> Analiticamente, o modelo do Disco de Poincaré é definido como o conjunto de todos pontos P (x, y) do plano euclidiano tais que $D_P = \{(x, y) \in R^2 \mid x^2 + y^2 < 1\}$.
>
> As retas hiperbólicas no disco de Poincaré são classificadas em dois tipos.

Assim, dados dois pontos A e B pertencentes a D_P e considerando que A, B e O são colineares, a reta hiperbólica que passa por A e B será o diâmetro (aberto) da circunferência, sendo denominada *reta hiperbólica de primeiro tipo*. Já a interseção do disco de Poincaré com a circunferência que passa por A e B e que intercepta D_P ortogonalmente é denominada *reta hiperbólica de segundo tipo*.

Resumindo, as retas serão diâmetros ou circunferências perpendiculares à fronteira do disco de Poincaré. A equação analítica dos diâmetros é da forma $x = 0$ ou $y = M \cdot x$, para algum $M \in R$. Já a equação analítica das circunferências é da forma $(x - a)^2 + (y - b)^2 = r^2$.

Observe que, se tivermos uma circunferência de centro C(a, b) e um ponto P como um ponto ideal da h-reta, a condição de ortogonalidade mostra o triângulo retângulo OPC, sendo em P o ângulo reto. Nesse caso, temos $r^2 + 1 = a^2 + b^2$; e a equação da h-reta será $(x - a)^2 + (y - b)^2 = a^2 + b^2 - 1$.

Sejam $A = (x_A, y_A)$ e $B = (x_B, y_B)$ pontos pertencentes ao D_P. Temos, então, dois casos a considerar:

1. $x_A y_B - x_B y_A = 0$

   Se $x_A - x_B = 0$, $\overline{AB} = \{(x, y) \in D_P \mid x = 0\}$

   Se $x_A - x_B \neq 0$, $\overline{AB} = \left\{(x, y) \in D_P \;\middle|\; y = \left[\dfrac{(y_A - y_B)}{(x_A - x_B)}\right] \cdot x\right\}$

   Essas são as retas do **primeiro tipo**.

2. $x_A y_B - x_B y_A \neq 0$

   Substituindo as coordenadas dos pontos A e B na equação anterior, obtemos o seguinte sistema:

   $$x_A a + y_A b = \frac{1}{2} \cdot (1 + x_A^2 + y_A^2)$$
   e
   $$x_B a + y_B b = \frac{1}{2} \cdot (1 + x_B^2 + y_B^2)$$

   E a solução é:

   $$a = \frac{\left(1 + x_A^2 + y_A^2\right) \cdot y_B - \left(1 + x_B^2 + y_B^2\right) \cdot y_B}{2 \cdot \left(x_A \cdot y_B - x_B \cdot y_A\right)}$$

   e

   $$b = \frac{\left(1 + x_B^2 + y_B^2\right) \cdot x_A - \left(1 + x_A^2 + y_A^2\right) \cdot x_B}{2 \cdot \left(x_A \cdot y_B - x_B \cdot y_A\right)}$$

   com $r = \sqrt{a^2 + b^2 - 1}$

   Essas são as retas do **segundo tipo**.

E qual o valor da medida do ângulo formado entre duas semirretas no modelo do semiplano de Poincaré (S_P)? Como cada semirreta é parte de uma semicircunferência e tem apenas um ponto ideal, a medida do ângulo entre elas será a medida das semirretas euclidianas no ponto P de interseção (ponto inicial das semirretas), tangentes às semirretas hiperbólicas.

Lembre-se de que, no plano euclidiano, um ângulo é formado por duas semirretas com mesma extremidade $P(x_P, y_P)$; já no modelo do semiplano de Poincaré, no sentido euclidiano, cada semirreta é parte de uma semicircunferência (com apenas um ponto ideal) ou é uma semirreta vertical.

De acordo com Magalhães (2015, p. 32), o ângulo de duas semirretas hiperbólicas tem como medida o "ângulo formado pelas semirretas euclidianas de ponto inicial [...] [P], tangentes às semirretas hiperbólicas". Nesse sentido, temos três casos a considerar, pois há dois tipos de reta:

1. As duas semirretas são do tipo 1 – o ângulo formado entre elas será igual a zero.
2. Uma semirreta é do tipo 1, e a outra, do tipo 2 – suponha que as retas interceptem-se no ponto $P(x_P, y_P)$, que a semirreta do tipo 1 tenha equação $x = x_P$ e que a semirreta do tipo 2 tenha equação $(x - a)^2 + y^2 = (x_P - a)^2 + y_P^2$, com $y > 0$. A declividade da reta do tipo 2, tangente à semicircunferência no ponto P, é dada por:

$$\text{tg } \alpha = \frac{a - x_P}{y_P}$$

Então, a medida do ângulo procurado é dada por:

$$\alpha = 90° - \text{arctg}\left(\frac{a - x_P}{y_P}\right)$$

3. As duas semirretas são do tipo 2 – suponha que as duas semirretas encontram-se no ponto $P(x_P, y_P)$ e que as equações das duas semirretas sejam $(x - a)^2 + y^2 = (x_P - a)^2 + y_P^2$ e $(x - b)^2 + y^2 = (x_P - b)^2 + y_P^2$, com $y > 0$. Para determinarmos as tangentes dos ângulos α_a e α_b, precisamos calcular a declividade das retas tangentes às semicircunferências no ponto P:

$$\text{tg } \alpha_a = \frac{a - x_P}{y_P}$$

$$\text{tg } \alpha_b = \frac{b - x_P}{y_P}$$

Lembre-se de que, assim como na Geometria Euclidiana, se $\text{tg } \alpha_a \cdot \text{tg } \alpha_b = -1$, as duas semirretas euclidianas são perpendiculares; e se $\text{tg } \alpha_a \cdot \text{tg } \alpha_b \neq -1$, o ângulo procurado é igual $\alpha_a - \alpha_b$, isto é:

$$\text{tg } (\alpha_a - \alpha_b) = \frac{\text{tg } \alpha_a - \text{tg } \alpha_b}{1 + \text{tg } \alpha_a \cdot \text{tg } \alpha_b}$$

Logo:

$$\alpha = \operatorname{arctg}\left(\frac{a-b}{y_P + \dfrac{(a-x_P)\cdot(b-x_P)}{y_P}}\right)$$

Exercícios resolvidos

1) Determine analiticamente a equação da h-reta que passa pelos pontos $A = (3, -1)$ e $B = (3, 4)$.

    Como $x_A = x_B = 3$, $\overline{AB} = \{(x, y) \in D_P \mid x = 3\}$.

2) Determine analiticamente a equação da h-reta que passa pelos pontos $A = (4, 3)$ e $B = (11, 4)$.

    Como $x_A \neq x_B$, $\overline{AB} = \{(x, y) \in D_P \mid (x - a)^2 + y^2 = r^2 \text{ para } a, r \in \mathbb{R}, r > 0\}$.

    Vamos substituir as coordenadas do ponto A na equação da h-reta:

    $(4 - a)^2 + 3^2 = r^2$

    Vamos agora substituir as coordenadas do ponto B na equação da h-reta:

    $(11 - a)^2 + (4)^2 = r^2$

    Como tanto $(4 - a)^2 + 3^2$ quanto $(11 - a)^2 + 4^2$ valem r^2, então:

    $(4 - a)^2 + 3^2 = (11 - a)^2 + 4^2$
    $16 - 8a + a^2 + 9 = 121 - 22a + a^2 + 16$
    $16 - 8a + a^2 + 9 - 121 + 22a - a^2 - 16 = 0$
    $14a - 112 = 0$
    $a = 8$

    Se $a = 8$, então:

    $(5 - a)^2 + 3^2 = r^2$
    $(4 - 8)^2 + 3^2 = r^2$
    $16 + 9 = r^2$
    $25 = r^2$
    $r = 5$

    A equação h-reta procurada é $(x - 8)^2 + y^2 = 25$ e $y > 0$.

3) Calcule a distância hiperbólica entre os pontos A = (4, 3) e B = (11, 4).

No exercício anterior, vimos que a equação da h-reta que passa por esses pontos é $(x - 8)^2 + y^2 = 25$ e $y > 0$.

Vamos, então, determinar os pontos ideais. Para isso, adotaremos $y = 0$ e determinaremos os valores de x.

Temos que:

$$(x - 8)^2 + y^2 = 25$$
$$(x - 8)^2 + 0 = 25$$
$$x^2 - 16x + 64 = 25$$
$$x^2 - 16x + 39 = 0$$

Resolvendo a equação de segundo grau, encontramos, para x, os valores $x_1 = 3$ e $x_2 = 13$. Com isso, as coordenadas dos pontos ideais são P(3, 0) e Q(13, 0).

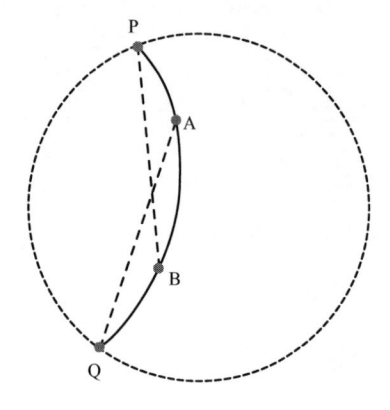

Vamos, então, calcular as distâncias euclidianas para os segmentos:

$$AP = \sqrt{(4-3)^2 + (3-0)^2} = \sqrt{10}$$
$$BQ = \sqrt{(11-13)^2 + (4-0)^2} = \sqrt{20}$$
$$AQ = \sqrt{(4-13)^2 + (3-0)^2} = \sqrt{90}$$
$$BP = \sqrt{(11-3)^2 + (4-0)^2} = \sqrt{80}$$

Assim, a distância hiperbólica procurada entre os pontos A e B, é:

$$d(A, B) = \left| \ln \frac{(AP)(BQ)}{(AQ)(BP)} \right| = \left| \ln \frac{\sqrt{10} \cdot \sqrt{20}}{\sqrt{90} \cdot \sqrt{80}} \right|$$

$$d(A, B) = \left| \ln \frac{3{,}16227766 \cdot 4{,}472135955}{9{,}48683298 \cdot 8{,}94427191} \right|$$

$$d(A, B) = \left| \ln \frac{14{,}1421356229793}{84{,}852813737876} \right|$$

$$d(A,B) = |\ln 0{,}1667|$$

$$d(A,B) \approx 1{,}7918$$

2.7 Modelo de Beltrami-Klein

Estudamos anteriormente que, conforme o matemático Klein, passamos a ter três sistemas geométricos diferentes:

1. a Geometria Euclidiana, também chamada de *parabólica*;
2. a geometria de Lobachevsky, também chamada de *hiperbólica*;
3. a geometria de Riemann, também chamada de *elíptica* ou *esférica*.

Klein apresentou um modelo plano para a geometria hiperbólica, tomando, em um plano euclidiano, um círculo e considerando somente a região interna desse círculo. Tal região foi denominada *plano de Lobachevsky*. Assim, as retas do plano de Lobachevsky são cordas do círculo, excluindo suas extremidades. Observe a Figura 2.17, a seguir.

Figura 2.17 – Retas hiperbólicas no modelo de Beltrami-Klein

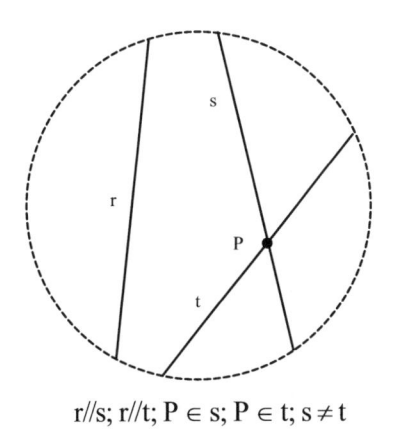

r//s; r//t; P ∈ s; P ∈ t; s ≠ t

Notação

B_k – disco de Beltrami-Klein.

Conforme definido por Magalhães (2015, p. 50-51):

> Consideremos o plano euclidiano $\mathbb{E}$. Fixado um ponto O e um valor real r positivo definimos o Disco de Beltrami-Klein como o conjunto de todos os pontos pertencentes ao plano euclidiano que são interiores (sem a fronteira)

à circunferência de centro O e raio r, ou seja, $B_k = \{X \in E \mid d(X, O) < r\}$, sendo d a distância euclidiana [entre X e O].

No Disco de Beltrami-Klein definimos reta como [...] dois pontos A e B pertencentes a B_K. A reta hiperbólica que passa por A e B será a interseção da reta euclidiana que passa pelos pontos A e B com o Disco de Beltrami-Klein, ou seja, a reta hiperbólica [do plano de Lobachevsky] será uma corda aberta (sem os pontos da fronteira) do disco.

Assim como definimos no disco de Poincaré, os pontos de interseção de uma reta hiperbólica e a fronteira do disco de Beltrami-Klein são denominados *pontos ideais da reta*. Em Rooney (2012, p. 119), temos que:

> Embora Bolyai e Lobachevsky tivessem demonstrado que uma série de métodos alternativos para trabalhar com superfícies hiperbólicas eram viáveis, não havia um modelo equivalente aos planos, linhas e pontos de Euclides para lidar com a geometria das superfícies curvas. Um modelo desses foi descoberto pelo italiano Eugenio Beltrami, em 1868. O importante é que ele demonstrou que a geometria hiperbólica era consistente se a Geometria Euclidiana é consistente. Beltrami desenvolveu modelos espaciais que agora são chamados de pseudoesfera, disco de Poincaré, modelo Klein e semiplano de Poincaré.

Observe que, nesse modelo, também chamado de *modelo projetivo* ou *disco de Klein*, os pontos são representados pelos pontos do interior de um disco, e as linhas, representadas pelas cordas. Desse modo, os ângulos e os círculos são distorcidos, ao contrário do que acontece no disco de Poincaré. Outra diferença entre os dois modelos é que, no disco de Klein, as linhas e os segmentos são segmentos euclidianos e, no modelo de Poincaré, as linhas são arcos que atendem ao limite ortogonalmente. Observe a Figura 2.18, a seguir.

Figura 2.18 – Modelos de Poincaré e de Beltrami-Klein

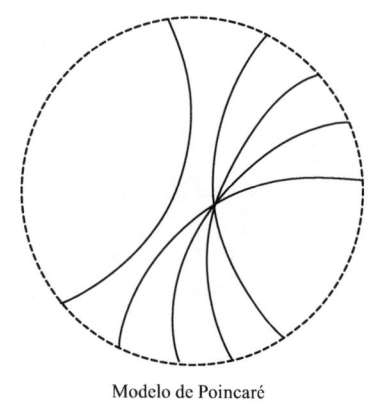

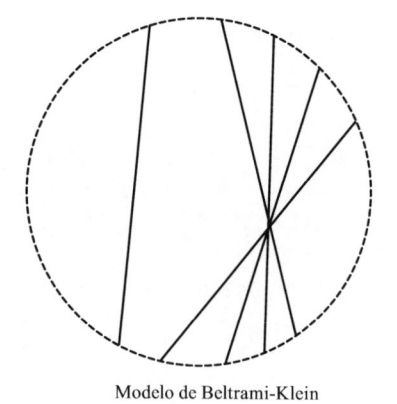

Modelo de Poincaré

Modelo de Beltrami-Klein

2.8 Ângulos no disco de Beltrami-Klein

Agora, vamos desenhar um disco de Beltrami-Klein. Para isso, traçaremos o segmento de reta AB, ou seja, uma corda do disco, conforme a Figura 2.19, a seguir.

Figura 2.19 – Ângulo entre retas paralelas no disco de Beltrami-Klein

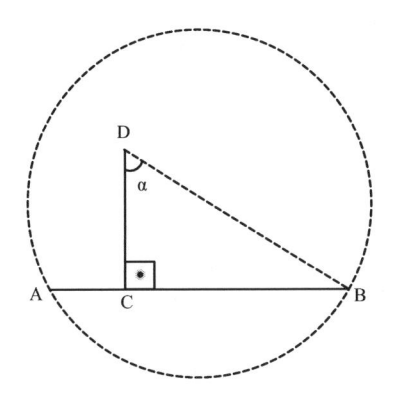

Em seguida, traçaremos uma perpendicular ao segmento AB dentro do disco de Beltrami-Klein (segmento CD). O ângulo α, formado entre uma reta paralela ao segmento AB e o segmento CD, é agudo (α < 90°). Observe que o valor desse ângulo α é variável e depende diretamente da distância do ponto D ao segmento AB.

Depois, no mesmo disco, traçaremos ainda uma segunda perpendicular ao segmento AB, conforme ilustrado na Figura 2.20, a seguir.

Figura 2.20 – Retângulo na geometria hiperbólica

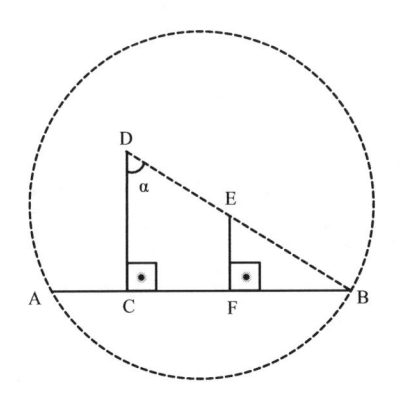

Assim, temos o segmento CD paralelo ao segmento EF, formando o quadrilátero CDEF, que denominamos *retângulo da geometria hiperbólica*. Observe que a soma dos ângulos internos do quadrilátero é menor que 360°.

Nesse sentido, depreendemos que, na geometria hiperbólica, a soma dos ângulos internos de um triângulo é menor que 180°, uma vez que todo quadrilátero pode ser dividido em dois triângulos (demonstraremos isso no Capítulo 3).

2.9 Ângulos hiperbólicos no disco de Poincaré

O ângulo hiperbólico (h-ângulo) entre duas semirretas hiperbólicas de mesma origem (ponto P), no disco de Poincaré, é medido como na Geometria Euclidiana. O ângulo entre as duas semirretas é, por definição, a medida do menor ângulo formado pelas semirretas euclidianas tangentes aos arcos da h-reta (ou retas hiperbólicas) em P.

Vamos supor que as retas s e t interceptem-se em um ponto P, como na Figura 2.21, a seguir. Tracemos agora duas retas tangentes (euclidianas) às retas s e t (ou seja, tangentes aos arcos) no ponto $P(x_P, y_P)$.

A medida do ângulo α, formado entre as retas s e t, é a medida do menor ângulo formado pelas retas euclidianas que são tangentes em P. A medida de um h-ângulo varia de $0°$ a $180°$ e é formada por duas semirretas com extremidade no ponto P, ou seja, a medida do ângulo entre as semirretas hiperbólicas é igual à medida do ângulo formado pelas semirretas euclidianas que iniciam no ponto P e que são tangentes às semirretas de Poincaré.

Figura 2.21 – Ângulo hiperbólico (α) no disco de Poincaré

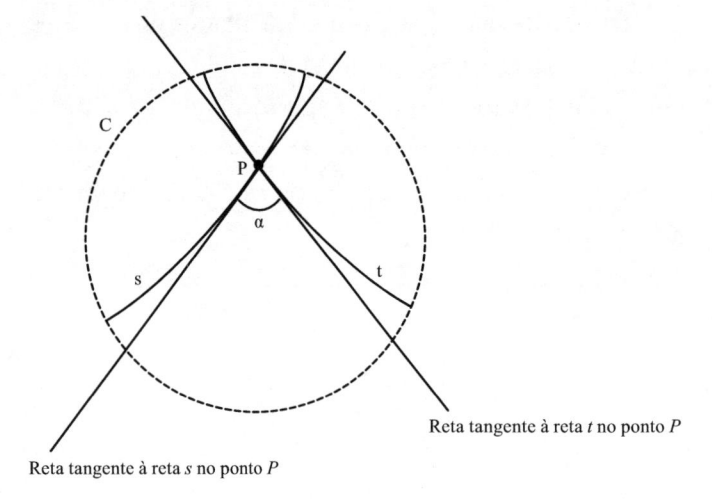

Reta tangente à reta t no ponto P
Reta tangente à reta s no ponto P

"Observe que, no modelo de Poincaré, todas as geodésicas fazem um ângulo de $90°$ com o bordo, logo, se duas geodésicas se encontram em um ponto do bordo (no limite), as retas tangentes a elas naquele ponto são iguais, e portanto o ângulo hiperbólico entre elas é de $0°$". (Silva et al., 2019, p. 43)

Já sabemos que, analiticamente, o modelo do disco de Poincaré é o conjunto de todos os pontos $P(x_P, y_P)$ do plano euclidiano, tal que $D_P = \{(x, y) \in \mathbb{R}^2 \mid x^2 + y^2 < 1\}$.

> **Notação**
> $\overleftrightarrow{AB}$ – reta

Em Magalhães (2015, p. 46-47), temos que as retas hiperbólicas

> serão diâmetros ou circunferências perpendiculares à fronteira do Disco de Poincaré. Os diâmetros devem ter equação analítica da forma $x = 0$ ou $y = Mx$ para algum $M \in \mathbb{R}$. As circunferências serão da forma $(x - a)^2 + (y - b)^2 = r^2$ [são as semirretas do tipo 1]. Por outro lado, se o centro da circunferência é dado por $C = (a, b)$ e [...] [P] é um dos pontos ideais da h-reta, a condição de ortogonalidade fornece que o triângulo [...] [ΔOPC] é retângulo em [...] [P]. Logo, $r^2 + 1 = a^2 + b^2$. Portanto, a h-reta é dada por $(x - a)^2 + (y - b)^2 = a^2 + b^2 - 1$ [são as semirretas do tipo 2].

Sejam $A = (x_A, y_A)$ e $B = (x_B, y_B)$ pontos pertencentes à D_P. Temos dois casos a considerar:

1. $x_A y_B - x_B y_A = 0$. Se $x_A - x_B = 0$, então $\overleftrightarrow{AB} = \{(x, y) \in D_P \text{ tal que } x = 0\}$.

   Se $x_A - x_B \neq 0$, então $\overleftrightarrow{AB} = \left\{(x, y) \in D_P \text{ tal que } y = \dfrac{y_A - y_B}{x_A - x_B} x\right\}$. Estas são retas do primeiro tipo.

2. $x_A y_B - x_B y_A \neq 0$ (retas do segundo tipo).

Considerado o exposto, temos no segundo caso $(x_A - a)^2 + (y_A - b)^2 = a^2 + b^2 - 1$ e $(x_B - a)^2 + (y_B - b)^2 = a^2 + b^2 - 1$. Resolvendo o sistema:

$$\begin{cases} x_A^2 - 2x_A a + a^2 + y_A^2 - 2y_A b + b^2 = a^2 + b^2 - 1 \\ x_B^2 - 2x_B a + a^2 + y_B^2 - 2y_B b + b^2 = a^2 + b^2 - 1 \end{cases}$$

$$\begin{cases} 2x_A a + 2y_A b = -a^2 - b^2 + 1 + x_A^2 + a^2 + y_A^2 + b^2 \\ 2x_B a + 2y_B b = -a^2 - b^2 + 1 + x_B^2 + a^2 + y_B^2 + b^2 \end{cases}$$

$$\begin{cases} 2x_A a + 2y_A b = 1 + x_A^2 + y_A^2 \\ 2x_B a + 2y_B b = 1 + x_B^2 + y_B^2 \end{cases}$$

$$\begin{cases} x_A a + y_A b = \dfrac{1}{2} \cdot (1 + x_A^2 + y_A^2) \\ x_B a + y_B b = \dfrac{1}{2} \cdot (1 + x_B^2 + y_B^2) \end{cases}$$

Assim, conforme Magalhães (2015, p. 47):

A solução será

$$a = \frac{(1 + x_A^2 + y_A^2)y_B - (1 + x_B^2 + y_B^2)y_A}{2(x_A y_B - x_B y_A)}$$

e

$$b = \frac{(1 + x_B^2 + y_B^2)x_A - (1 + x_A^2 + y_A^2)x_B}{2(x_A y_B - x_B y_A)}$$

com $r = \sqrt{a^2 + b^2 - 1}$.

Exercícios resolvidos

1) Determine analiticamente a equação da h-reta que passa pelos pontos A(2, 3) e B(–2, –3).

   Observe que $x_A \cdot y_B - x_B \cdot y_A = 2 \cdot (-3) - [3 \cdot (-2)] = -6 + 6 = 0$ e que $x_A - x_B = 2 - (-2) = 4$, ou seja, $x_A - x_B \neq 0$.

   Então, a equação da h-reta será:

   $$\overleftrightarrow{AB} = \left\{ (x, y) \in D_P \mid y = \frac{y_A - y_B}{x_A - x_B} \cdot x \right\}$$

   Como $y = \left(\dfrac{3 - (-3)}{2 - (-2)} \right) \cdot x$

   $y = \dfrac{6}{4} \cdot x = \dfrac{3}{2} \cdot x$

   Assim, $\overleftrightarrow{AB} = \left\{ (x, y) \in D_P \mid y = \dfrac{3}{2} \cdot x \right\}$

2) Determine analiticamente a equação da h-reta que passa pelos pontos A(2, 3) e B(0, 1).
   Como $x_A \cdot y_B - x_B \cdot y_A = 2 \cdot 1 - 0 \cdot 3 = 2$ e $x_A \cdot y_B - x_B \cdot y_A \neq 0$, as duas retas são do tipo 2.
   Então, $(x_A - a)^2 + (y_A - b)^2 = a^2 + b^2 - 1$ e $(x_B - a)^2 + (y_B - b)^2 = a^2 + b^2 - 1$
   Para o cálculo de *a* e de *b*, temos as equações:

a. $\dfrac{\left(1+x_A^2+y_A^2\right)\cdot y_B - \left(1+x_B^2+y_B^2\right)\cdot y_A}{2\left(x_A\cdot y_B - x_B\cdot y_A\right)}$

b. $\dfrac{\left(1+x_B^2+y_B^2\right)\cdot x_A - \left(1+x_A^2+y_A^2\right)\cdot x_B}{2\left(x_A\cdot y_B - x_B\cdot y_A\right)}$

Substituindo os valores conhecidos nessas equações, encontramos os seguintes valores para a e b:

$$a = \frac{(1+2^2+3^2)\cdot 1 - (1+0^2+1^2)\cdot 3}{2(2\cdot 1 - 0\cdot 3)}$$

$$a = \frac{14-6}{4}$$

$$a = 2$$

$$b = \frac{(1+0^2+1^2)\cdot 2 - (1+2^2+3^2)\cdot 0}{2(2\cdot 1 - 0\cdot 3)}$$

$$b = \frac{4-0}{4}$$

$$b = 1$$

Sabendo que o raio é $r = \sqrt{a^2+b^2-1}$

$$r = \sqrt{2^2+1^2-1}$$

$$r = \pm 2 \Rightarrow r^2 = 4$$

Então, temos:

$$\overleftrightarrow{AB} = \left\{(x,y)\in D_P \mid y = \frac{y_A - y_B}{x_A - x_B}x\right\}$$

$$\overleftrightarrow{AB} = \left\{(x,y)\in D_P \mid (x_A-2)^2 + (y_A-1)^2 = 4\right\}$$

Analiticamente falando, precisamos considerar três casos para calcular o ângulo entre duas semirretas no h-plano:

1. As duas semirretas são do tipo 1 – o ângulo formado entre elas será o ângulo euclidiano formado entre os diâmetros.
2. Uma semirreta é do tipo 1, e a outra, do tipo 2 – suponha que as duas semirretas encontrem-se no ponto $P(x_P, y_P)$, que a semirreta do tipo 1 tenha equação

$x = 0$ ou $y = Mx$ (em que M é a tangente do ângulo que a semirreta forma com o eixo horizontal, ou seja, $y = \text{tg } \beta \cdot x$) e que a semirreta do tipo 2 tenha equação $(x - a)^2 + (y - b)^2 = a^2 + b^2 - 1$.

Nesse contexto, vamos considerar o ângulo α que é formado entre as semirretas $x = 0$ (tipo 1) e $(x - a)^2 + (y - b)^2 = a^2 + b^2 - 1$ (tipo 2).

O ponto de interseção das duas retas, ou seja, o vértice comum – ponto $P(x_P, y_P)$ –, tem como coordenadas:

$P(0, b + \sqrt{b^2 - 1})$ quando $b > 1$ ou $P(0, b - \sqrt{b^2 - 1})$ quando $b < -1$

A declividade da reta tangente à semicircunferência nesse ponto $P(x_P, y_P)$ é:

$$\text{tg } \alpha = \frac{a}{\sqrt{b^2 - 1}} \text{ quando } b > 1 \text{ ou } \text{tg } \alpha = -\frac{a}{\sqrt{b^2 - 1}} \text{ quando } b < -1$$

Então, a medida do ângulo α entre uma semirreta do tipo 1 e uma semirreta do tipo 2 é dada pela equação:

$$\alpha = 90° - \text{arctg} \left| \frac{a}{\sqrt{b^2 - 1}} \right|$$

Mas temos, ainda, o caso em que a semirreta do tipo 1 tem como equação $y = \text{tg } \beta \cdot x$. Então, vamos considerar o ângulo α que é formado entre as semirretas $y = \text{tg } \beta \cdot x$ (tipo 1) e $(x - a)^2 + (y - b)^2 = a^2 + b^2 - 1$ (tipo 2).

O ponto de interseção das duas retas, ou seja, o vértice comum, é o ponto $P(x_P, y_P)$.

Sabemos que a declividade da reta tangente à semicircunferência nesse ponto $P(x_P, y_P)$ é:

$$\text{tg}(\alpha - \beta) = \frac{-\dfrac{x_P - a}{y_P - b} + \text{tg } \beta}{1 - \dfrac{x_P - a}{y_P - b} \cdot \text{tg } \beta}$$

A medida do ângulo euclidiano α entre uma semirreta do tipo 1 e uma semirreta do tipo 2 é dada pela equação:

$$\alpha = \text{arctg} \left(\frac{\dfrac{x_P - a}{y_P - b} + \text{tg } \beta}{\dfrac{x_P - a}{y_P - b} \cdot \text{tg } \beta - 1} \right)$$

3. As duas semirretas são do tipo 2 – suponha que as duas semirretas encontrem-se no ponto P(x_P, y_P) e que as equações das duas semirretas sejam $(x - a)^2 + (y - b)^2 = a^2 + b^2 - 1$ e $(x - c)^2 + (y - d)^2 = c^2 + d^2 - 1$. Para determinamos as tangentes dos ângulos α_a e α_b, precisamos calcular a declividade das retas tangentes às semicircunferências no ponto P(x_P, y_P):

$$\operatorname{tg} \alpha_a = -\frac{x_P - a}{y_P - b}$$

$$\operatorname{tg} \alpha_b = -\frac{x_P - c}{y_P - d}$$

A medida do ângulo procurado (α) entre duas semirretas do tipo 2 é dada pela diferença dos ângulos α_a e α_b, isto é:

$$\alpha = \operatorname{arctg}\left(\left|\frac{(x_P - c)\cdot(y_P - b) - (x_P - a)\cdot(y_P - d)}{(y_P - b)\cdot(y_P - d) + (x_P - a)\cdot(x_P - c)}\right|\right)$$

Exercícios resolvidos

1) Determine o ângulo entre as retas hiperbólicas $(x - 2)^2 + (y - 1)^2 = 2$ e $(x - 3)^2 + (y - 1)^2 = 1$.

   Temos duas retas do tipo 2. Assim, vamos primeiramente calcular o ponto P de interseção dessas retas, resolvendo o sistema de duas equações com duas incógnitas:

   $$\begin{cases} x^2 - 4x + 4 + y^2 - 2y + 1 = 2 \\ x^2 - 6x + 9 + y^2 - 2y + 1 = 1 \end{cases}$$

   $$\begin{cases} x^2 - 4x + 4 + y^2 - 2y + 1 = 2 \\ -x^2 + 6x - 9 - y^2 + 2y - 1 = -1 \end{cases}$$
   $$\overline{ 2x - 5 = 1}$$
   $$2x = 6 \Rightarrow x = 3$$

Se $x = 3$, temos:

$(x - 2)^2 + (y - 1)^2 = 2$
$(3 - 2)^2 + (y - 1)^2 = 2$
$1 + y^2 - 2y + 1 = 2$
$y^2 - 2y = 0$
$y(y - 2) = 0$

Como y > 0, temos (y − 2) = 0 ⇒ y = 2.

Então, temos P(3, 2) como ponto de interseção das duas retas hiperbólicas e, assim, a medida do ângulo formado entre elas é:

$$\alpha = \text{arctg} \left| \frac{(x_P - c) \cdot (y_P - b) - (x_P - a) \cdot (y_P - d)}{(y_P - b) \cdot (y_P - d) + (x_P - a) \cdot (x_P - c)} \right|$$

$$\alpha = \text{arctg} \left| \frac{(3-3)^2 \cdot (2-1)^2 - (3-2)^2 \cdot (2-1)^2}{(2-1)^2 \cdot (2-1)^2 + (3-2)^2 \cdot (3-3)^2} \right|$$

$$\alpha = \text{arctg} \left| \frac{0 \cdot 1 - 1 \cdot 1}{1 \cdot 1 + 1 \cdot 0} \right|$$

$$\alpha = \text{arctg} \left| \frac{-1}{1} \right|$$

$$\alpha = \text{arctg}\, 1 \Rightarrow \alpha = 45°$$

2) Determine o ângulo entre as retas hiperbólicas $(x-4)^2 + (y-2)^2 = 8$ e $(x-4)^2 + (y-1)^2 = 5$.

Temos duas retas do tipo 2. Assim, vamos primeiramente calcular o ponto P de interseção dessas retas, resolvendo o sistema de duas equações com duas incógnitas:

$$\begin{cases} (x-4)^2 + (y-2)^2 = 8 \\ (x-4)^2 + (y-1)^2 = 5 \end{cases}$$

$$\begin{cases} x^2 - 8x + 16 + y^2 - 4y + 4 = 8 \\ x^2 - 8x + 16 + y^2 - 2y + 1 = 5 \end{cases}$$

$$\begin{cases} x^2 - 8x + y^2 - 4y + 12 = 0 \\ x^2 - 8x + y^2 - 2y + 12 = 0 \end{cases}$$

$$\begin{cases} x^2 - 8x + y^2 - 4y + 12 = 0 \\ -x^2 + 8x - y^2 + 2y - 12 = 0 \end{cases}$$
$$\overline{}$$
$$-2y = 0 \Rightarrow y = 0$$

Então:

$x^2 - 8x + y^2 - 4y + 12 = 0$
$x^2 - 8x + 0 - 0 + 12 = 0$
$x^2 - 8x + 12 = 0$

$$x = \frac{8 \pm \sqrt{8^2 - 4 \cdot 1 \cdot 12}}{2}$$

$$x = \frac{8 \pm 4}{2}$$

$$x = 2$$

O ponto P de interseção das duas semirretas tem coordenadas ($x_P = 2$, $y_P = 0$), e a medida do ângulo formado entre elas é:

$$\alpha = \operatorname{arctg} \left| \frac{(x_P - c) \cdot (y_P - b) - (x_P - a) \cdot (y_P - d)}{(y_P - b) \cdot (y_P - d) + (x_P - a) \cdot (x_P - c)} \right|$$

$$\alpha = \operatorname{arctg} \left| \frac{(2-4)^2 \cdot (0-2)^2 - (2-4)^2 \cdot (0-1)^2}{(0-2)^2 \cdot (0-1)^2 + (2-4)^2 \cdot (2-4)^2} \right|$$

$$\alpha = \operatorname{arctg} \left| \frac{4 \cdot 4 - 4 \cdot 1}{4 \cdot 1 + 4 \cdot 4} \right|$$

$$\alpha = \operatorname{arctg} \left| \frac{12}{20} \right|$$

$$\alpha = \operatorname{arctg} 0{,}6 \Rightarrow \alpha \approx 30°57'50''$$

Mas x assumiu um segundo valor: $x = 6$. Nesse caso, o ponto P de interseção das duas semirretas tem coordenadas ($x_P = 6$, $y_P = 0$), e a medida do ângulo formado entre elas é:

$$\alpha = \operatorname{arctg} \left| \frac{(x_P - c) \cdot (y_P - b) - (x_P - a) \cdot (y_P - d)}{(y_P - b) \cdot (y_P - d) + (x_P - a) \cdot (x_P - c)} \right|$$

$$\alpha = \operatorname{arctg} \left| \frac{(6-4)^2 \cdot (0-2)^2 - (6-4)^2 \cdot (0-1)^2}{(0-2)^2 \cdot (0-1)^2 + (6-4)^2 \cdot (6-4)^2} \right|$$

$$\alpha = \operatorname{arctg} \left| \frac{4 \cdot 4 - 4 \cdot 1}{4 \cdot 1 + 4 \cdot 4} \right|$$

$$\alpha = \operatorname{arctg} \left| \frac{12}{20} \right|$$

$$\alpha = \operatorname{arctg} 0{,}6 \Rightarrow \alpha \approx 30°57'50''$$

Assim, vemos que o resultado é o mesmo.

Síntese

Neste capítulo, estudamos a geometria hiperbólica, iniciando com uma revisão do que é hipérbole, quais seus elementos e a relação entre os eixos e a distância focal. Verificamos que, somente no século XIX, dois mil e duzentos anos depois de publicada a obra *Os Elementos*, foi constatado que o quinto postulado de Euclides não poderia ser provado nem como verdadeiro nem como falso a partir dos outros quatro, o que caracteriza a independência do postulado das paralelas.

Na sequência, estudamos o disco de Poincaré, idealizado com base na Geometria Euclidiana, mas com a utilização dos postulados da geometria hiperbólica. Verificamos que, na geometria hiperbólica, o plano é uma região ilimitada, porém o plano hiperbólico do disco de Poincaré é uma região restrita no plano euclidiano, sendo, portanto, a região limitada por uma circunferência, isto é, um disco.

Vimos ainda que, no modelo do disco de Poincaré, podemos fazer com que o raio do círculo limite cresça infinitamente, degenerando esse círculo em um semiplano, que é denominado *modelo do semiplano de Poincaré* ou *modelo do semiplano superior*. Assim, dados dois pontos A e B pertencentes ao disco de Poincaré e considerando que A, B e O (centro do disco) são colineares, a reta hiperbólica que passa por A e B é o diâmetro (aberto) da circunferência, sendo chamada de *reta hiperbólica de primeiro tipo*. Já a interseção do disco de Poincaré com a circunferência que passa por A e B e que intercepta o disco de Poincaré ortogonalmente, é denominada *reta hiperbólica de segundo tipo*.

Finalmente, estudamos os ângulos hiperbólicos no disco de Poincaré, vendo que o ângulo hiperbólico entre duas semirretas hiperbólicas de mesma origem (ponto P) é medido como na Geometria Euclidiana. Além disso, vimos que o ângulo entre as duas semirretas é, por definição, a medida do menor ângulo formado pelas semirretas euclidianas tangentes aos arcos da h-reta (ou retas hiperbólicas) em P.

Atividades de aprendizagem

1) Determine analiticamente a equação da h-reta que passa pelos pontos $A = (2, 1)$ e $B = (6, 3)$.

2) Determine analiticamente a equação da h-reta que passa pelos pontos $A = (2, 1)$ e $B = (3, 4)$.

3) Determine analiticamente a equação da h-reta que passa pelos pontos $A = (0, -1)$ e $B = (0, 1)$.

4) Determine o ângulo entre as semirretas hiperbólicas $(x - 1)^2 + (y - 2)^2 = 10$ e $(x - 1)^2 + (y - 3)^2 = 9$.

5) Determine o ângulo entre as semirretas hiperbólicas $x = 0$ e $(x - 3)^2 + (y - 2)^2 = 12$.

6) No disco de Poincaré, calcule a distância entre os pontos $A(2, 3)$ e $B(9, 4)$, supondo que a equação da h-reta por eles determinada é do segundo tipo e representada pela equação $(x - 6)^2 + y^2 = 25$ e $y > 0$.

$$d(A, B) = \left| \ln \frac{AP \cdot BQ}{BQ \cdot AQ} \right|$$

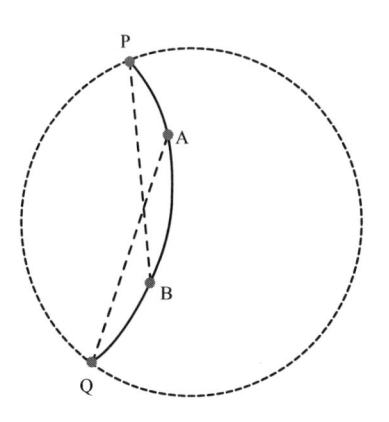

3
Triângulos impróprios

Para estudarmos os triângulos impróprios, vamos recordar o que aprendemos sobre pontos ideais.

3.1 Pontos ideais e pontos ordinários

No capítulo anterior, estudamos a distância entre dois pontos no disco de Poincaré e, naquele momento, definimos pontos ideais. Verificamos que os pontos de interseção das retas hiperbólicas com o horizonte são pontos que não pertencem ao plano hiperbólico. Esses pontos são chamados de *pontos ideais* ou *pontos finais* da reta hiperbólica. Agora, acrescentamos que os pontos ideais são também conhecidos como **pontos no infinito** ou **pontos ômega** do plano hiperbólico (h-plano).

Notação
Ω – ponto ômega.

Já sabemos que, na geometria hiperbólica, duas retas paralelas não apresentam um ponto comum. Entretanto, encontram-se em um ponto ideal ou ponto ômega. Observe que cada reta possui dois pontos ideais, ou seja, dois pontos Ω: Ω_1 e Ω_2. Veja a Figura 3.1, a seguir.

Figura 3.1 – Reta hiperbólica r e seus pontos ideais (pontos ômega)

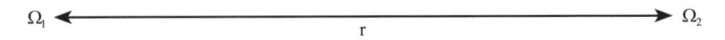

$\Omega_1 \longleftarrow \qquad r \qquad \longrightarrow \Omega_2$

Lembre-se de que esses pontos ideais não fazem parte do modelo, mas são utilizados para calcular a distância entre eles ou entre dois pontos quaisquer do disco de Poincaré. As retas hiperbólicas paralelas, quando se encontram em um Ω, são denominadas **retas assintóticas**. Observe a Figura 3.2, a seguir.

Figura 3.2 – Retas hiperbólicas assintóticas

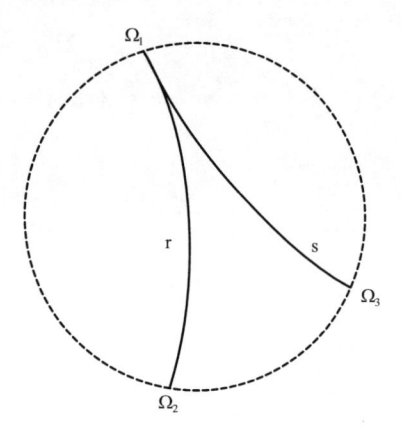

Na Figura 3.2, a reta *r*, por apresentar um ponto ideal comum com a reta *s* – no caso Ω_1 –, é denominada ***reta paralela limite*** da reta s.

Sabemos que os pontos ômega não pertencem ao h-plano, mas os pontos que pertencem a ele são chamados ***pontos ordinários***.

3.2 Triângulos hiperbólicos

Os triângulos hiperbólicos ou triângulos ômega são aqueles que têm um ou mais vértices em pontos ômega. Há três casos a considerar: (1) triângulo hiperbólico com três vértices ômega (três pontos ideais), conforme Figura 3.3; (2) triângulo hiperbólico com dois vértices ômega (dois pontos ideais), conforme Figura 3.4; e (3) triângulo hiperbólico com um vértice ômega (um ponto ideal), conforme Figura 3.5.

Figura 3.3 – Triângulo $\Omega_1\Omega_2\Omega_3$, com três vértices ômega

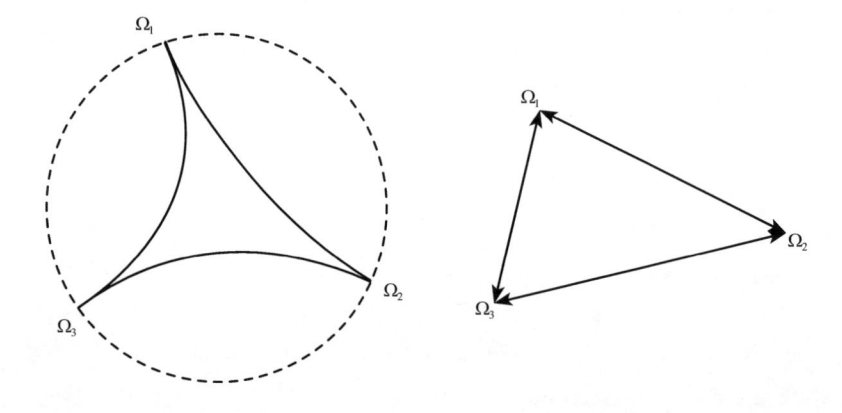

Figura 3.4 – Triângulo $A\Omega_1\Omega_2$, com dois vértices ômega

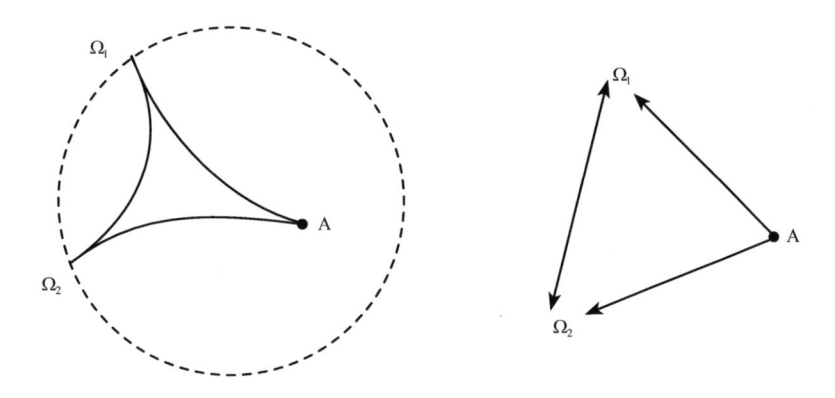

Figura 3.5 – Triângulo $AB\Omega$, com um vértice ômega

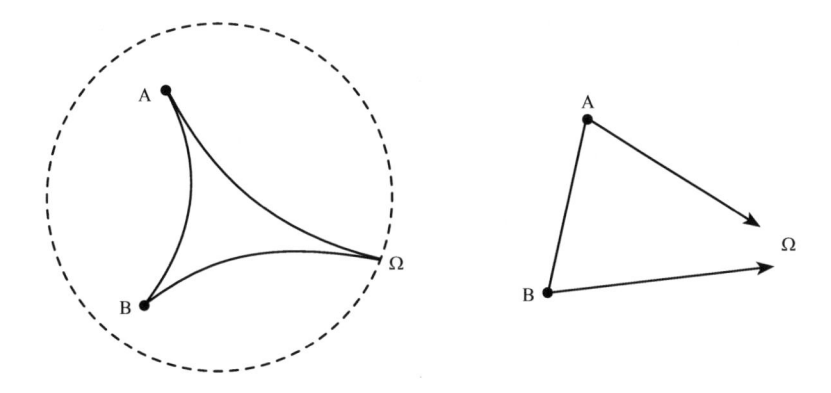

Os triângulos hiperbólicos ou triângulos ômega são ainda chamados de *triângulos generalizados*.

> **Fique atento!**
>
> É possível ter um triângulo cujos três vértices são pontos ordinários e, nesse caso, o triângulo será ordinário. Observe a Figura 3.6, a seguir.
>
> **Figura 3.6** – Triângulo ordinário

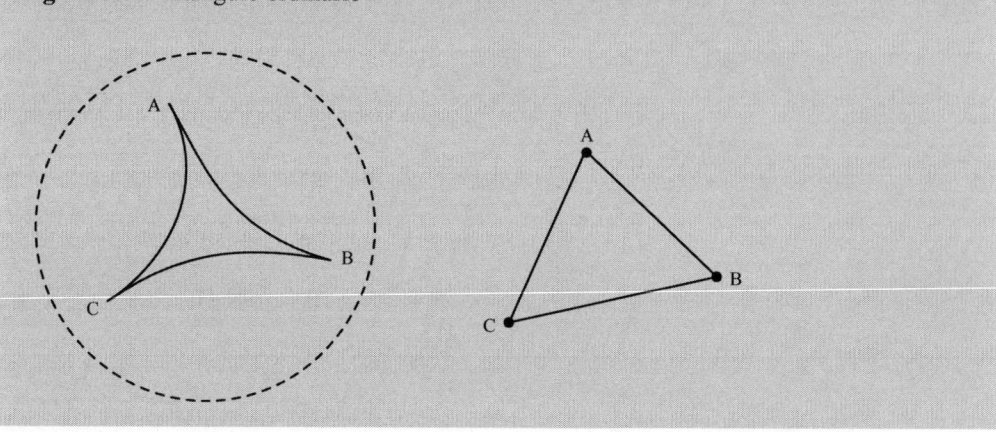

3.2.1 Propriedades dos triângulos hiperbólicos ou triângulos ômega

Notação

$\in$ – pertence;

$\neq$ – diferente de;

$\cap$ – intersecta;

ϕ – conjunto vazio.

Dizemos que uma reta entra em um triângulo ômega quando a interseção dessa reta com o interior desse triângulo é não vazia. Suponhamos, então, um triângulo ABΩ e uma reta r. Dizemos que a reta r passa por um dos vértices de ABΩ quando A $\in$ r, quando B $\in$ r ou quando Ω é um dos pontos ideais de r. Esse conceito é válido para os triângulos ômega A$\Omega_1\Omega_2$ e $\Omega_1\Omega_2\Omega_3$. Nesse contexto, vamos analisar as proposições a seguir.

Proposição 3.1

Se uma reta r entra em um triângulo ômega ABΩ passando por um de seus vértices, então a reta r intersecta o lado do triângulo ômega oposto a esse vértice.

Considere a reta r entrando no triângulo ABΩ pelo vértice A e o ponto P sendo a interseção da perpendicular baixada do ponto A até a reta BΩ. Vamos chamar de α o ângulo $\Omega\widehat{A}P$. Precisaremos considerar dois casos: (1) $\Omega\widehat{A}B < \alpha$, conforme Figura 3.7; e (2) $\Omega\widehat{A}B > \alpha$, conforme Figura 3.8.

Figura 3.7 – Reta r entrando no vértice A do triângulo ABΩ com $\Omega\widehat{A}B < \alpha$

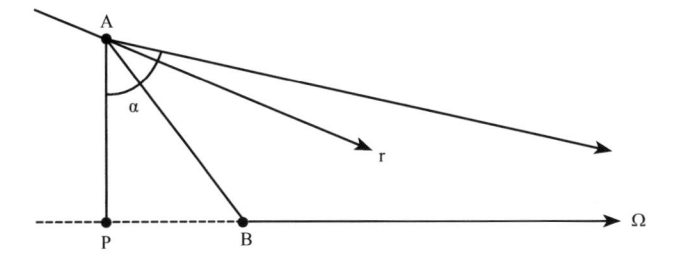

No primeiro caso, de acordo com a Proposição 2.2, $r \cap B\Omega \neq \phi$.

Figura 3.8 – Reta r entrando no vértice A do triângulo ABΩ com $\Omega\widehat{A}B > \alpha$

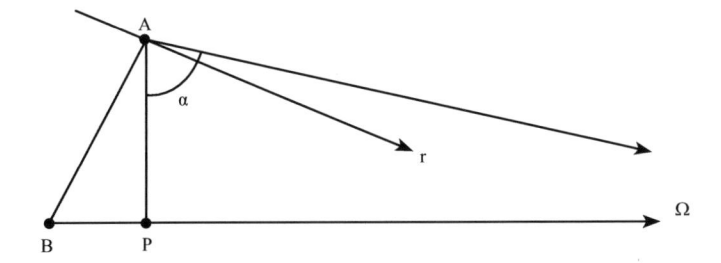

No segundo caso, temos três diferentes situações a analisar:

1. se a reta r entra no triângulo APΩ, então, pela Proposição 2.2, $r \cap B\Omega \neq \phi$;
2. se a reta r entrar no triângulo ABP, então, pelo axioma de Pasch, $r \cap BP \neq \phi$;
3. se a reta r contém o ponto P, então, $r \cap BP = \{P\} \neq \phi$.

Mas vamos considerar que a reta r entra no triângulo ABΩ pelo vértice Ω. Observe a Figura 3.9, a seguir.

Figura 3.9 – Reta *r* entrando pelo vértice Ω do triângulo ABΩ

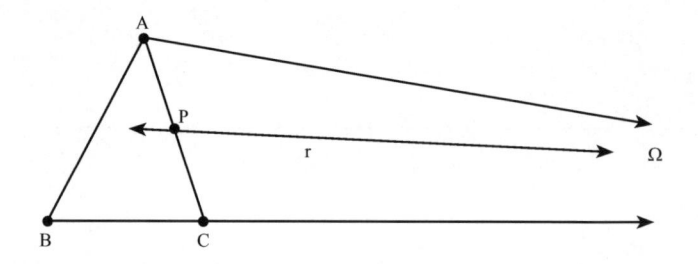

Observando a Figura 3.9, vemos que a reta *r* entra no triângulo ômega ABΩ pelo vértice ideal Ω e passa pelo P ∈ r interior ao triângulo. Verificamos ainda que AP interceptará BΩ em um ponto *C* e que a reta *r* entra no triângulo ABC.

Como vimos no axioma de Pasch, a reta *r* interceptará ou o lado AB ou o lado BC. No caso apresentado na Figura 3.9, a reta *r* não intercepta o lado BC, pois, se o fizesse, as retas *r* e BΩ seriam paralelas em um mesmo sentido e apresentariam um ponto em comum, assim, r = BΩ, o que seria uma contradição. Por consequência, r ∩ AB ≠ ϕ.

Proposição 3.2

Se uma reta *r* entra em um triângulo ômega ABΩ intersectando um de seus lados, mas não passando por nenhum de seus vértices, a reta *r* intersecta um dos outros dois lados do triângulo ômega.

Vamos considerar o triângulo da Figura 3.10, a seguir, em que a reta *r* entra pelo lado AΩ.

Figura 3.10 – Reta entrando pelo lado AΩ de um triângulo ômega ABΩ

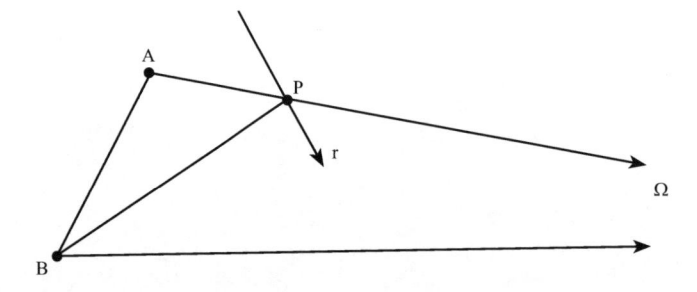

Pela Figura 3.10, sabemos que {P} = r ∩ AΩ.

Assim, vamos considerar duas situações:

1. quando a reta *r* entra em BPΩ, vimos, pela Proposição 3.1, que r ∩ BΩ ≠ ϕ;
2. quando a reta *r* entra em ABP, vimos, pelo axioma de Pasch, que r ∩ AB ≠ ϕ.

Observe que a reta *r* não contém BP, pois, se isso ocorresse, *B* pertenceria à reta *r*, o que é contra a hipótese.

Vamos, agora, considerar o triângulo da Figura 3.11, a seguir, em que a reta *r* entra pelo lado AB.

Figura 3.11 – Reta entrando pelo lado AB de um triângulo ômega ABΩ

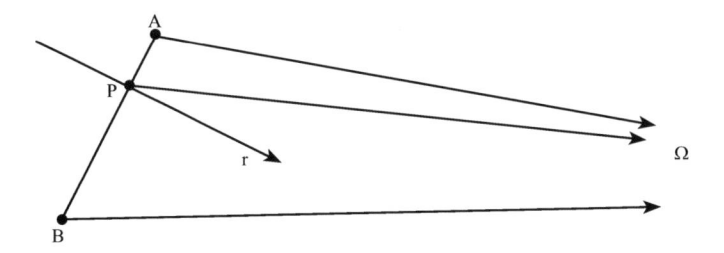

Pela Figura 3.11, sabemos que {P} = r ∩ AB.

Assim, vamos considerar duas situações:

1. quando a reta *r* entra em APΩ, vimos, pela Proposição 3.1, que r ∩ AΩ ≠ ϕ;
2. quando a reta *r* entra em BPΩ, vimos, pela Proposição 3.1, que r ∩ BΩ ≠ ϕ.

Observe que a reta *r* não contém PΩ, pois, se isso ocorresse, *r* passaria por Ω, o que é contra a hipótese.

Outra importante propriedade dos triângulos hiperbólicos é o estudo dos seus ângulos. Definimos nos capítulos anteriores o seguinte axioma: Por um ponto *P* exterior a uma reta *r* podemos traçar uma infinidade de retas paralelas a essa reta *r* (geometria de Lobachevsky).

Assim, no limite, quando os vértices de um triângulo hiperbólico tendem ao infinito, temos triângulos ômega ideais, em que todos os três ângulos são iguais a zero grau (0°).

Em um triângulo ômega ABΩ, temos dois ângulos externos. Observe as Figuras 3.12 e 3.13, a seguir.

Figura 3.12 – Ângulos externos de um triângulo ômega ABΩ

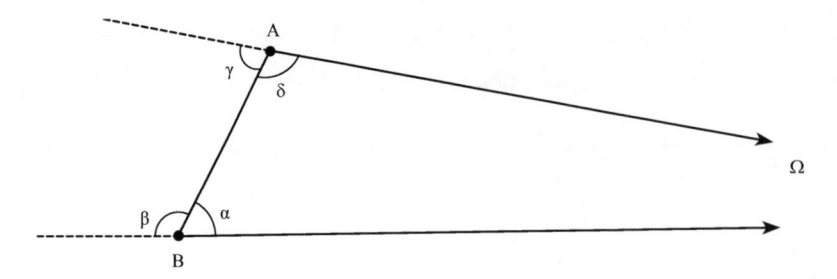

Observe que os ângulos externos β e γ do triângulo ABΩ são os ângulos suplementares $A\widehat{B}\Omega$ e $B\widehat{A}\Omega$. Observe também que, por serem suplementares, $\alpha + \beta = 180°$ e $\gamma + \delta = 180°$.

Figura 3.13 – Ângulos externos de um triângulo ômega $A\Omega_1\Omega_2$

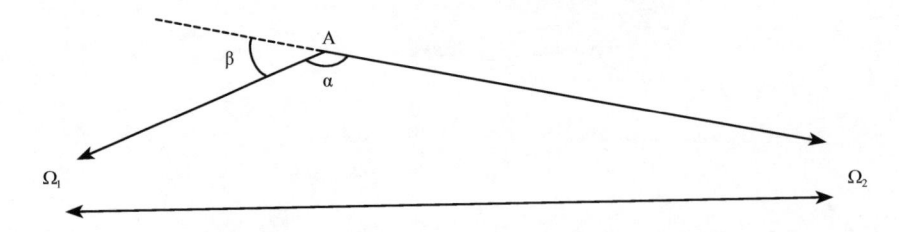

Observe que o ângulo externo β de um triângulo ômega $A\Omega_1\Omega_2$ é o ângulo suplementar $\Omega_1\widehat{A}\Omega_2$. Por serem suplementares, $\alpha + \beta = 180°$.

Finalmente, observe que, em um triângulo ômega $\Omega_1\Omega_2\Omega_3$, não há ângulo externo.

Proposição 3.3

Um ângulo externo de um triângulo ômega ABΩ é sempre maior que o ângulo interno que não lhe é adjacente.

Para a demonstração, vamos considerar um triângulo ABΩ e um ponto P na semirreta AB, de modo que o ponto P não esteja contido no segmento AB. Observe a Figura 3.14, a seguir.

Um ângulo externo de um triângulo ômega é sempre não nulo. Logo, é maior que o ângulo nulo dos vértices ideais.

Figura 3.14 – Teorema do ângulo externo de um triângulo ômega

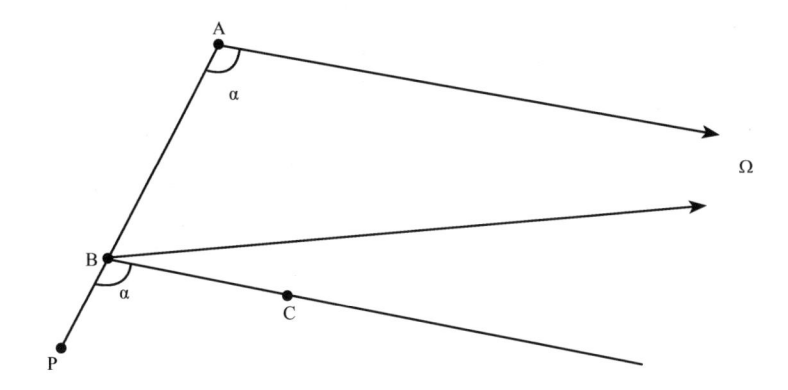

Precisamos, então, demonstrar que, no triângulo ABΩ, o ângulo externo em $P\widehat{B}\Omega$ é maior do que o ângulo interno $B\widehat{A}\Omega$.

Vamos, assim, traçar o segmento BC, de modo que $P\widehat{B}C = B\widehat{A}\Omega = \alpha$.

Observe que a reta que passa por B e C não intersecta AΩ, ou seja, BC ∩ AΩ = ϕ. Logo, o ponto C não está dentro do triângulo ABΩ.

Precisamos fazer duas hipóteses:

1. a medida do ângulo $C\widehat{B}\Omega$ não é nula. Então, a medida $P\widehat{B}\Omega$ é maior do que α, como queríamos demonstrar, isto é, o ponto C está fora do triângulo ABΩ, por construção;
2. a medida do ângulo $C\widehat{B}\Omega$ é nula. Nesse caso, BC = BΩ, ou seja, o ponto C estaria sobre o lado BΩ.

Para a demonstração dessa segunda hipótese, vamos analisar a Figura 3.15, a seguir.

Figura 3.15 – Demonstração do teorema do ângulo externo de um triângulo ômega

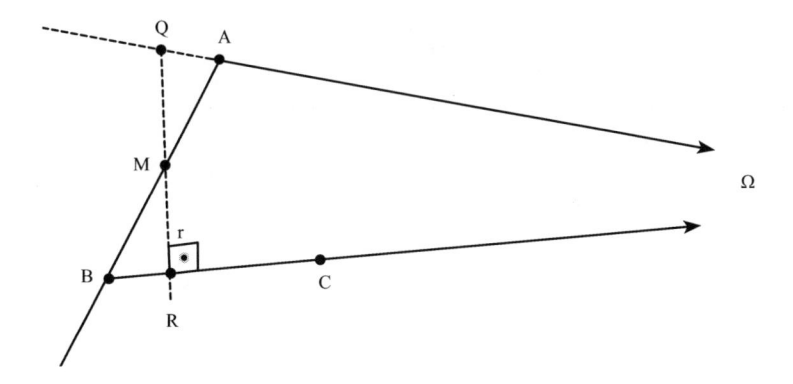

Suponha que o ponto C da Figura 3.14 estivesse sobre o lado BΩ.

Pelo ponto médio do segmento AB (ponto M), trace uma reta r perpendicular ao lado $B\Omega$, com o pé da perpendicular no ponto R. A reta r cortará o prolongamento de $A\Omega$ no ponto Q, ou seja, AM ≡ BM.

Notação

≡ – congruente a.

Observe na Figura 3.15 que BR ≡ QA e que os pontos R e Q estão em lados opostos do segmento AB. Logo, temos que os triângulos MAQ e MBR são congruentes, pois têm dois lados iguais, por construção (AM ≡ BM e AQ ≡ BR), e um ângulo igual (observe que, no ponto M, temos dois ângulos opostos pelo vértice).

Desse modo, concluímos que os pontos Q, M, R são colineares e que QR seria perpendicular aos lados $A\Omega$ e $B\Omega$, o que contradiz a Proposição 2.3 das paralelas. Logo, o ponto C não está nem no interior do triângulo AB, nem sobre o lado $B\Omega$. Concluímos também que um ângulo externo de um triângulo ômega é sempre maior que o ângulo interno que não lhe é adjacente.

3.3 Ângulo de paralelismo

Conforme vimos na Proposição 2.3, se temos uma reta r e um ponto P fora dela, as retas paralelas à reta r que passam pelo ponto P formam ângulos agudos iguais, ou seja, congruentes com a perpendicular à reta r que passa por P. Observe a Figura 3.16, a seguir.

Figura 3.16 – Ângulo de paralelismo

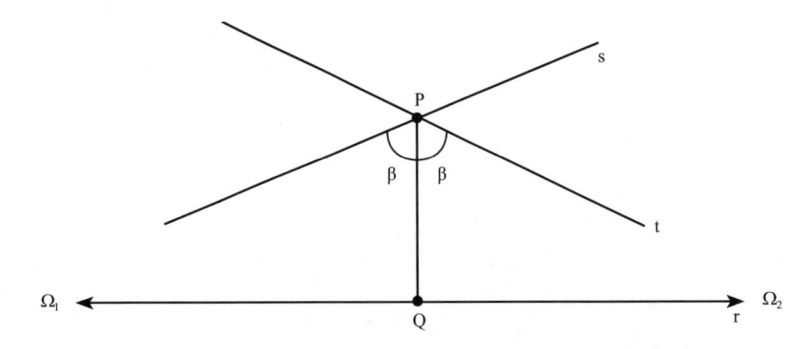

Observe que PQΩ₁ é um triângulo retângulo e que o ângulo β é o ângulo de paralelismo entre as retas *r* e *s*, ou seja, β é ângulo de paralelismo do triângulo PQΩ₁ em relação à altura PQ. O ângulo de paralelismo depende apenas da altura PQ.

A função ângulo de paralelismo é definida da seguinte forma:

> θ: R+ → R, com exceção do 0, ou seja, PQ → θ (PQ) = β, tal que PQ é a altura do triângulo retângulo PQΩ₁ e β é a medida de seu ângulo interno no ponto *P*.

3.4 Soma dos ângulos internos de um triângulo hiperbólico ou triângulo ômega

Primeiramente, vamos estudar os quadriláteros. Você sabe que, na Geometria Euclidiana, os retângulos têm lados opostos paralelos e quatro ângulos retos. Portanto, a soma dos ângulos internos de um retângulo é 360°.

Mas e na geometria hiperbólica e na geometria elíptica? Nessas geometrias, o que mais se aproxima de um retângulo são os quadriláteros de Saccheri e de Lambert, que estudaremos a seguir.

No Capítulo 1, vimos que Giovanni Girolamo Saccheri (1667-1733) tentou utilizar a técnica de redução ao absurdo, admitindo a negação do quinto postulado na tentativa de encontrar algum absurdo ou alguma contradição. Assim, sem perceber, Saccheri descobriu a Geometria Não Euclidiana.

No Capítulo 2, conferimos também que outros matemáticos tentaram provar o quinto postulado de Euclides partindo dos outros quatro. Entre eles, mencionamos Johann Heinrich Lambert (1728-1777), John Playfair (1748-1819) e Adrien-Marie Legendre (1752-1833).

Saccheri considerou um quadrilátero com dois ângulos retos e dois lados iguais. Observe a Figura 3.17, a seguir, na qual os ângulos $\widehat{A}$ e $\widehat{B}$ são retos e os lados AC e BD são iguais, ou seja, o lado AB é a base do quadrilátero, o lado CD é o topo e os lados AC e BD são congruentes.

Figura 3.17 – Quadrilátero de Saccheri

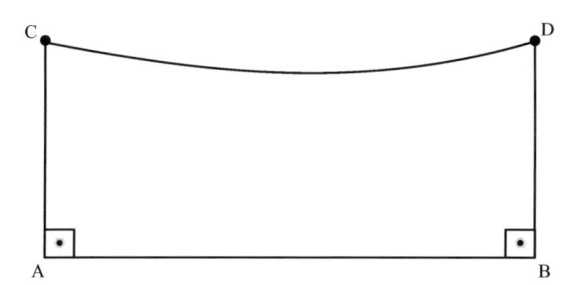

Para compreender o quadrilátero de Saccheri, deveremos considerar duas proposições, descritas adiante.

Proposição 3.4

O segmento que une os pontos médios da base e do topo do quadrilátero de Saccheri é perpendicular a ambos.

Vamos traçar um segmento EF unindo os pontos médios dos lados AB e CD. Confira a Figura 3.18, a seguir.

Figura 3.18 – Demonstração da Proposição 3.4

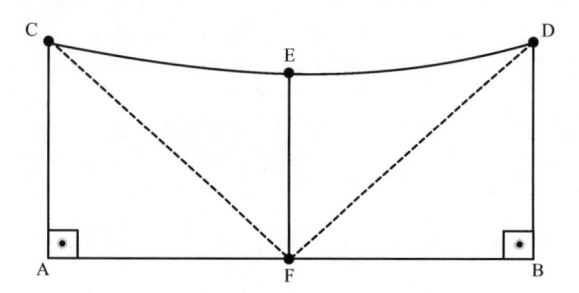

Agora, vamos ligar os pontos C e D ao ponto F para obtermos dois triângulos congruentes: ACF e BDF. Desse modo, ACF $\equiv$ BDF, pois temos dois ângulos iguais ($\widehat{A}$ e $\widehat{B}$), o lado AF é igual ao lado FB (pois o ponto F é o ponto médio do lado AB) e o lado AC é igual ao lado BD (AC $\equiv$ BD, por construção). Por consequência, os lados CF e FD também são congruentes. Como o ponto F é o ponto médio do lado AB, o segmento EF é a mediatriz do lado CD e, portanto, perpendicular a ele.

Por outro lado, além da congruência dos triângulos ACF e BDF, temos a congruência dos triângulos CEF e DEF, pois os três lados são iguais, ou seja, EF é um lado comum aos dois triângulos, o lado CE é igual ao ED, pois o ponto E é o ponto médio do lado CD e, por consequência, os lados CF e FD são iguais. Logo, os ângulos $C\widehat{F}E$ e $D\widehat{F}E$ são congruentes, bem como os ângulos $A\widehat{F}C$ e $B\widehat{F}D$, o que prova que EF é perpendicular à base AB.

Proposição 3.5

Os ângulos do topo do quadrilátero de Saccheri são congruentes e agudos.

Vamos representar, na Figura 3.19, a seguir, a parte direita da figura anterior.

Figura 3.19 – Retas hiperparalelas

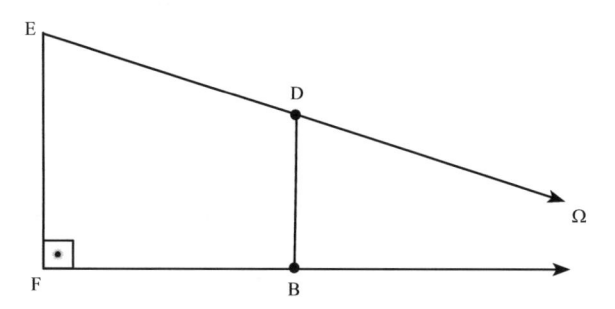

Lembre-se de que o segmento EF é que une os pontos médios dos lados AB e CD do quadrilátero de Saccheri. Caso CD fosse concorrente ou paralela a AB, pela Proposição 2.3, o ângulo $F\hat{E}C$ seria agudo, o que contraria a Proposição 3.4. Então, AB (base do quadrilátero) e CD (topo do quadrilátero) fazem parte de retas que não são paralelas e não se cortam, chamadas de *retas hiperparalelas*. Vamos, então, demonstrar que os ângulos do topo de um quadrilátero de Saccheri são agudos. Observe a Figura 3.20, a seguir.

Figura 3.20 – Ângulos do topo de um quadrilátero de Saccheri

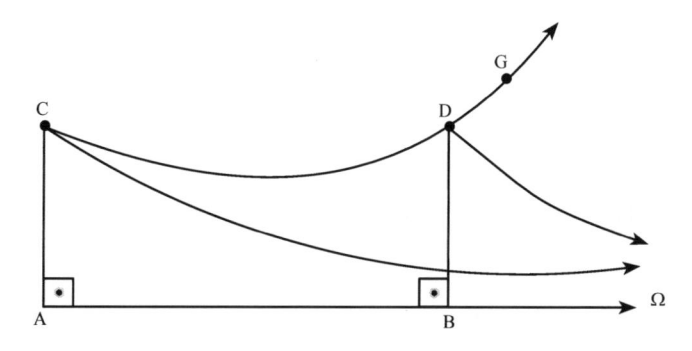

Os ângulos do topo do quadrilátero são congruentes, ou seja, $\hat{C} \equiv \hat{D}$.
Observe que $C\Omega$ divide o ângulo $A\hat{C}D$ e que $D\Omega$ divide o ângulo $B\hat{D}G$.
$C\Omega$ e $D\Omega$ são retas paralelas à reta AB.
$DC\Omega$ é um triângulo ômega que tem como ângulo externo $G\hat{D}\Omega$. Observe que a medida do ângulo $G\hat{D}\Omega$ é maior do que a medida do ângulo interno $D\hat{C}\Omega$. Logo, $G\hat{C}\Omega > D\hat{C}\Omega$.
Observe também que $A\hat{C}\Omega = B\hat{D}\Omega$, já que são ângulos de paralelismo para uma mesma distância, pois AC = BD.
Assim, $G\hat{D}\Omega + B\hat{D}\Omega > D\hat{D}\Omega + A\hat{D}\Omega$.
Vemos também que $B\hat{D}G > D\hat{C}A$ e $D\hat{C}A$, por sua vez, é igual a $B\hat{D}C$.

Tendo em vista que $B\hat{D}G$ e $B\hat{D}C$ são ângulos adjacentes, com lados não comuns alinhados, temos que o ângulo $B\hat{D}C$ é igual ao ângulo $D\hat{C}A$ e ambos são agudos, como queríamos demonstrar.

O quadrilátero de Lambert, por sua vez, conta com três ângulos internos retos. E o quarto ângulo, quanto mede? Caso pudesse ser provado que esse ângulo é reto, o postulado das paralelas de Euclides poderia ser definido como um teorema, mas isso só aconteceria na Geometria Euclidiana. Na Geometria Não Euclidiana, esse quarto ângulo pode ser tanto agudo, na geometria hiperbólica, quanto obtuso, na geometria elíptica.

Nesse sentido, como construir o quadrilátero de Lambert na geometria hiperbólica? Ele pode ser construído a partir do ponto médio da base e do topo de um quadrilátero de Saccheri, por ser perpendicular tanto à base quanto ao topo. Logo, um quadrilátero de Lambert é a metade de um quadrilátero de Saccheri.

Veja a Figura 3.21 e a Proposição 3.6, a seguir.

Figura 3.21 – Quadrilátero de Lambert

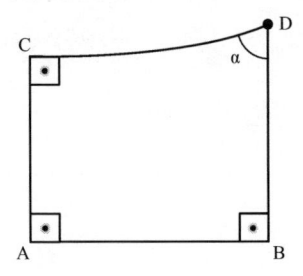

Observe que, no quadrilátero ABCD da Figura 3.21, $\hat{A} \equiv \hat{B} \equiv \hat{C} = 90°$.

Proposição 3.6
O ângulo interno não conhecido de um quadrilátero de Lambert é menor que 90°.

....

Como o quadrilátero de Saccheri, ao ser dividido ao meio, resulta em dois quadriláteros de Lambert, o ângulo $\hat{D}$ é agudo.

Pelo que vimos até o momento, podemos deduzir que a soma dos ângulos internos de um quadrilátero hiperbólico sempre será menor que 360°.

Proposição 3.7
A soma dos ângulos internos de um triângulo retângulo ordinário é menor que 180°.

....

Vamos analisar o triângulo retângulo ordinário ABC presente na Figura 3.22, a seguir.

Figura 3.22 – Triângulo retângulo ordinário ABC

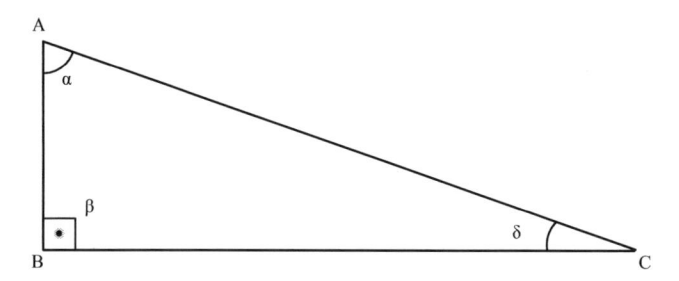

Sabemos que o ângulo β mede 90°, mas desejamos saber qual o valor da soma dos ângulos α + β + δ. Para isso, vamos traçar uma perpendicular ao lado BC, passando pelo ponto *M*, o ponto médio da hipotenusa. Com isso, o lado AC ficará dividido em dois segmentos congruentes: AM ≡ MC. Observe a Figura 3.23, a seguir.

Figura 3.23 – Demonstração da soma dos ângulos internos do triângulo retângulo ordinário

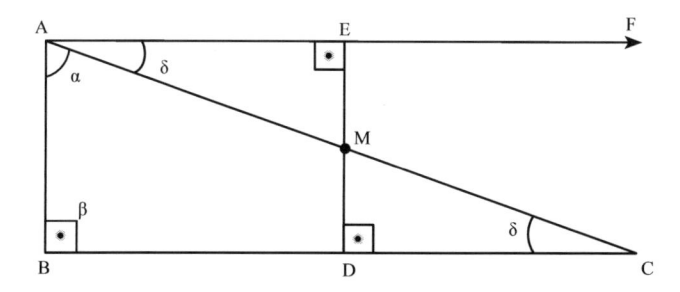

Vamos também traçar o segmento AF, de modo que o ângulo formado entre a hipotenusa AC e AF seja igual a δ.

A perpendicular ao lado BC corta esse lado no ponto *D* e corta AF no ponto *E*. Com isso, obtemos o segmento DE, em que os ângulos em *D* e em *E* são retos, ou seja, DE é perpendicular a AF.

Note que obtivemos dois triângulos congruentes: AEM ≡ CDM, porque temos um lado igual (AM ≡ MC) e dois ângulos iguais (os ângulos D ≡ E e os ângulos $D\hat{C}M \equiv E\hat{A}M$).

Como os pontos *D*, *M* e *E* estão alinhados e como o ângulo em *E* é reto, temos um quadrilátero de Lambert ABDE cujo ângulo agudo é o ângulo $\hat{A}$. Logo, $B\hat{A}C + C\hat{A}E < 90°$. Por construção, temos $B\hat{C}A \equiv C\hat{A}E = \delta$ e a soma α + β + δ < 180°, como queríamos demonstrar.

Proposição 3.8

A soma dos ângulos internos de um triângulo ordinário qualquer é menor que 180°.

Como demonstramos, a soma dos ângulos internos de um triângulo retângulo ordinário é sempre menor que 180°, e isso é válido também para qualquer outro triângulo ordinário. Vejamos, por exemplo, um triângulo ordinário ABC qualquer, como mostrado na Figura 3.24, a seguir.

A partir do vértice A, traçamos uma perpendicular ao lado BC, obtendo o segmento AD. Como o ângulo em D é reto, obtivemos dois triângulos retângulos ordinários: ABD e ADC. Como a medida dos ângulos internos de cada um desses triângulos é menor que 180°, temos que $2\widehat{D} + \widehat{A} + \widehat{B} + \widehat{C} < 360°$.

Figura 3.24 – Triângulo ordinário ABC qualquer

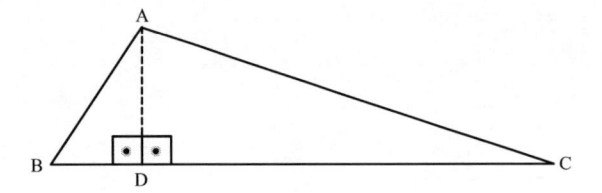

Como $2\widehat{D} = 180°$, temos que $180° + \widehat{A} + \widehat{B} + \widehat{C} < 360°$. Logo, $\widehat{A} + \widehat{B} + \widehat{C} < 180°$.

Vamos, a partir desse ponto, analisar a soma dos ângulos internos de um triângulo ômega.

Primeiramente, vamos recordar que há três tipos de triângulos hiperbólicos ou triângulos ômega: (1) $\Omega_1\Omega_2\Omega_3$, (2) $A\Omega_1\Omega_2$ e (3) $AB\Omega$. Com isso em mente, comecemos nossa análise pelo triângulo ômega com um vértice ômega (um ponto ideal), conforme a Figura 3.25.

Figura 3.25 – Soma dos ângulos internos de um triângulo $AB\Omega$

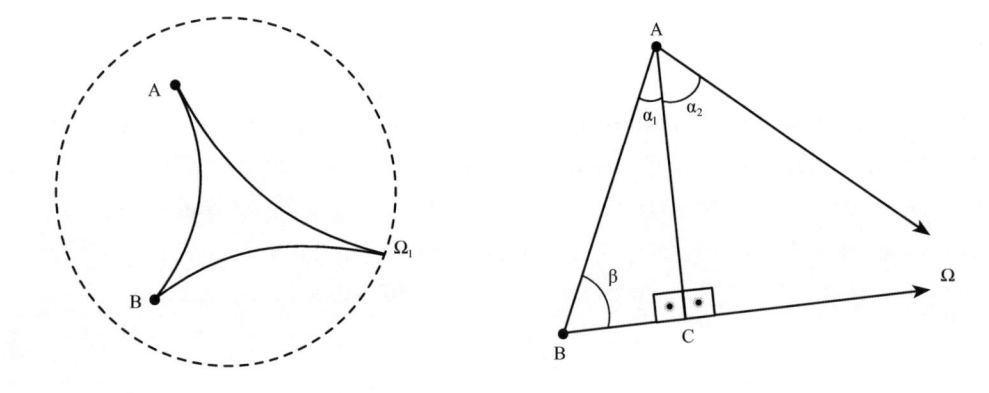

A partir do vértice A, vamos baixar a altura até o lado $B\Omega$, em que teremos o ponto C. Observe que essa altura dividiu o triângulo $AB\Omega$ em dois triângulos retângulos, a saber: ABC (triângulo ordinário) e $AC\Omega$ (triângulo ômega).

Temos, no vértice A, o ângulo α. Note que a altura do triângulo relativa a esse vértice (segmento AC) divide o ângulo α em duas partes: os ângulos agudos α_1 e α_2.

Vimos que, no triângulo ABC, pela Proposição 3.7, $\alpha_1 + \beta < 90°$; pela Proposição 2.3, o ângulo $\alpha_2 < 90°$; e, por definição, o ângulo em Ω é nulo. Concluímos, então, que $\alpha_1 + \alpha_2 + \beta < 180°$, como queríamos demonstrar.

Agora, vamos analisar o triângulo ômega com dois vértices ômega (dois pontos ideais). Observe a Figura 3.26, a seguir.

Figura 3.26 – Soma dos ângulos internos de um triângulo $A\Omega_1\Omega_2$

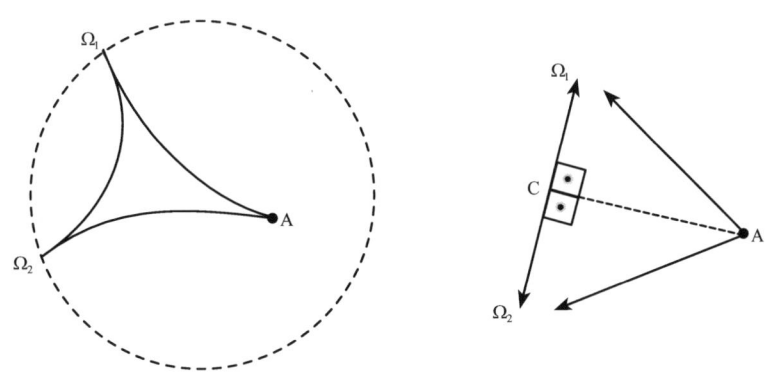

Na Figura 3.26, temos um triângulo $A\Omega_1\Omega_2$ no qual os ângulos em Ω_1 e em Ω_2, por definição, são nulos. Logo, $A\Omega_1$ e $A\Omega_2$ são paralelos a $\Omega_1\Omega_2$. Então, se baixarmos uma perpendicular a $\Omega_1\Omega_2$ pelo vértice A (segmento AC), pela Proposição 2.3, concluímos que o ângulo $\Omega_1\widehat{A}\Omega_2 < 180°$.

Finalmente, veremos o triângulo ômega $\Omega_1\Omega_2\Omega_3$. Observe a Figura 3.27, a seguir.

Figura 3.27 – Soma dos ângulos internos de um triângulo $\Omega_1\Omega_2\Omega_3$

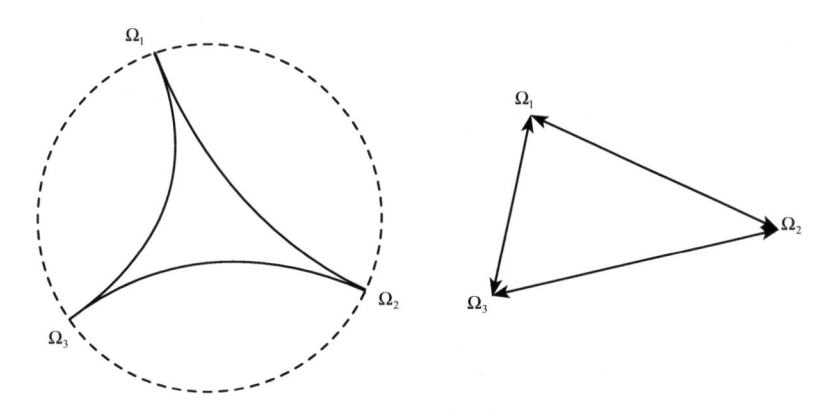

Por definição, os três ângulos em Ω_1, Ω_2 e Ω_3 são nulos. Logo, a soma dos ângulos internos do triângulo $\Omega_1\Omega_2\Omega_3 < 180°$.

3.5 Critérios de congruência para os triângulos ômega

Assim como na geometria plana, os triângulos ômega apresentam casos de congruência. Confira as proposições a seguir.

Proposição 3.9

Na geometria hiperbólica, se dois triângulos são semelhantes, então, são congruentes (caso ângulo-ângulo-ângulo).

Vamos analisar essa afirmação considerando a Figura 3.28.

Figura 3.28 – Triângulos congruentes

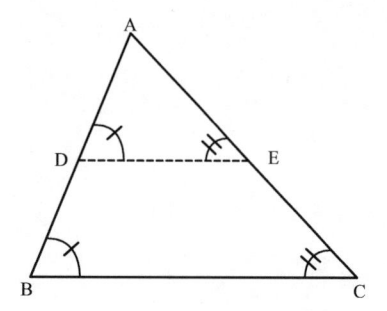

Vamos admitir que o triângulo ABC tem seus três ângulos congruentes, respectivamente, aos três ângulos do triângulo ADE.

Então, o quadrilátero BCED tem a soma dos seus ângulos internos igual a 360°, o que não ocorre na geometria hiperbólica. Logo, triângulos semelhantes são triângulos congruentes.

Proposição 3.10

Dois triângulos ômega são congruentes se tiverem um lado e um ângulo interno iguais (caso lado-ângulo).

Vamos supor dois triângulos ômega com dois pontos ordinários e um ponto ideal. Assim, teremos o triângulo ABΩ e o triângulo A'B'Ω'. Observe a Figura 3.29, a seguir.

Figura 3.29 – Triângulos ABΩ e A'B'Ω' congruentes

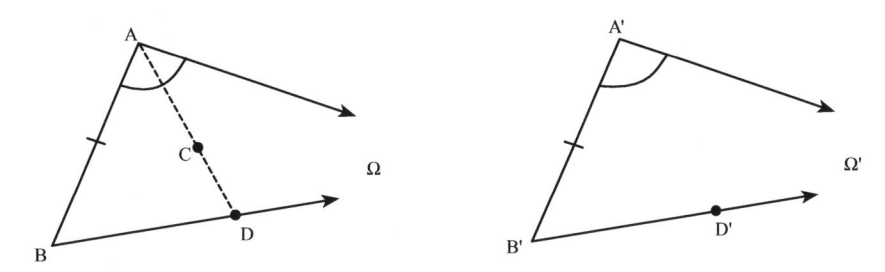

Dois triângulos ômega ABΩ e A'B'Ω' são congruentes quando AB ≡ A'B' e BÂΩ ≡ B'Â'Ω. Então, ABΩ ≡ A'B'Ω'.

Para essa comprovação, vamos supor que a congruência não exista, que BÂΩ > B'Â'Ω. Assim, partindo do vértice *A*, vamos traçar uma semirreta AC, de modo que corte o lado BΩ no ponto *D* e que BÂC > B'Â'Ω.

Marque em B'Ω' um ponto D', tal que B'D' ≡ BD. Desse modo, concluiríamos que B'Â'D' ≡ BÂD ≡ B'Â'Ω', o que é um absurdo. Logo, ABΩ e A'B'Ω' são congruentes.

Proposição 3.11

Dois triângulos ômega são congruentes se os dois ângulos internos, $\widehat{A}$ e $\widehat{B}$, forem iguais (caso ângulo-ângulo).

Vamos supor dois triângulos ômega com dois pontos ordinários e um ponto ideal. Assim, teremos o triângulo ABΩ e o triângulo A'B'Ω'. Observe a Figura 3.30, a seguir.

Figura 3.30 – Triângulos ABΩ e A'B'Ω' congruentes

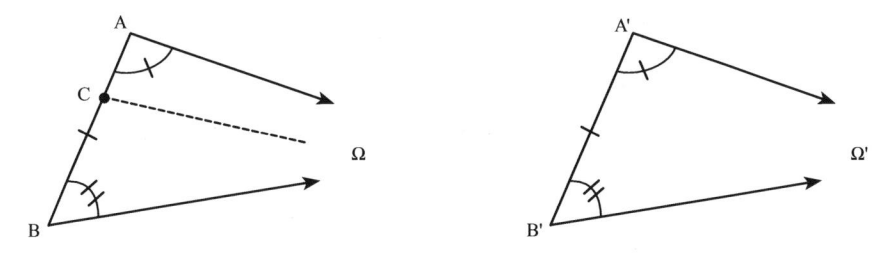

Estamos supondo que $A\widehat{B}\Omega \equiv A'\widehat{B}'\Omega'$ e $B\widehat{A}\Omega \equiv B'\widehat{A}'\Omega$.

Para essa comprovação, vamos considerar que os lados AB e A'B' não são iguais, por exemplo, AB > A'B'. Nesse caso, vamos marcar sobre AB um ponto C, de modo que AC = A'B'. Partindo de C, vamos traçar a reta $C\Omega$. Pela Proposição 3.10, $AC\Omega \equiv A'B'\Omega'$. Logo, $A\widehat{C}\Omega \equiv A'\widehat{B}'\Omega'$. Entretanto, supusemos que $A\widehat{B}\Omega \equiv A'\widehat{B}'\Omega'$, o que resultaria em $A\widehat{B}\Omega \equiv A\widehat{C}\Omega$, significando que o triângulo $CB\Omega$ possui um ângulo externo ($A\widehat{C}\Omega$) igual a um ângulo interno não adjacente ($A\widehat{B}\Omega$), o que é um absurdo. Portanto, $AB\Omega$ e $A'B'\Omega'$ são congruentes.

3.6 Ponto gama e retas não secantes

Estudamos que, na geometria hiperbólica, duas retas paralelas não apresentam um ponto comum. Entretanto, elas encontram-se em um ponto ideal ou ponto ômega (Ω). Vimos também que, no modelo de Beltrami-Klein, esse ponto ideal é a extremidade da corda que está sobre o círculo, isto é, os pontos de interseção de uma reta hiperbólica e a fronteira do disco de Beltrami-Klein, que são denominados *pontos ideais da reta*. Por analogia, o encontro de duas retas não secantes é denominado *ponto ultraideal* ou *ponto gama* (γ).

Retas não secantes são as infinitas retas presentes entre duas paralelas a uma reta dada. Seja, por exemplo, a reta AB da Figura 3.31.

Figura 3.31 – Retas não secantes, ponto ômega e ponto gama

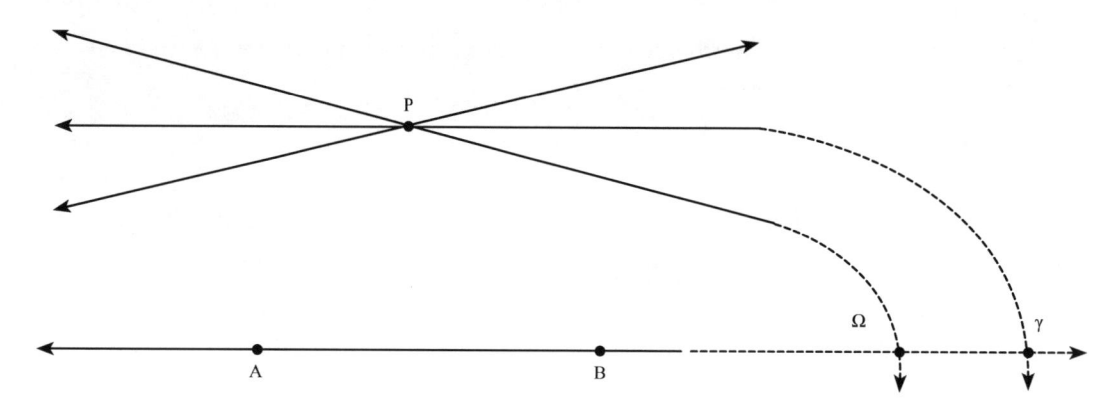

Outra propriedade das retas não secantes é o fato de apresentarem uma reta perpendicular que, além de comum, é única. Caso não fosse única, teríamos um triângulo retângulo da Geometria Euclidiana, o que seria um absurdo, pois esse triângulo não existe na geometria hiperbólica.

3.7 Polígonos equivalentes e diferença angular

Já vimos que não há um quadrado na geometria hiperbólica. Assim, não há um quadrado unitário que possa ser o método de determinação da área nessa geometria. Nesse caso, como proceder? Na geometria hiperbólica, utilizamos um triângulo como unidade de área. Segundo Coutinho (2001, p. 64), "dois polígonos são equivalentes se podem ser divididos no mesmo número finito de pares de triângulos congruentes".

Estudamos que a soma das medidas dos ângulos internos de um triângulo ômega é sempre menor que 180°. A diferença entre 180° e a soma das medidas dos ângulos internos de um triângulo é denominada *diferença angular*, que representaremos com δ. Portanto, para um triângulo ABC, temos:

$$\delta = 180° - (\widehat{A} + \widehat{B} + \widehat{C})$$

Podemos, então, determinar a soma dos ângulos internos de um polígono convexo, seja ele ordinário, seja ele hiperbólico.

Proposição 3.12

A soma dos ângulos internos de um polígono convexo ordinário de *n* lados é sempre menor que $(n - 2) \cdot 180°$.

....

Dado um polígono convexo ordinário de *n* lados, vamos traçar suas diagonais a partir de um de seus vértices, de modo a dividi-lo em $n - 2$ triângulos, assim como na Geometria Euclidiana. Observe a Figura 3.32, a seguir.

Figura 3.32 – Polígono convexo ordinário

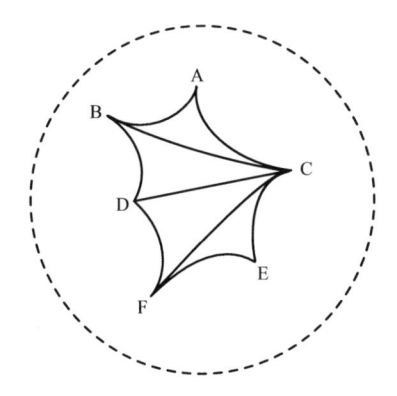

Na Figura 3.32, o polígono apresenta 6 lados (n = 6), e o dividimos em 4 triângulos (n − 2 = 6 − 2 = 4 triângulos). Pela Proposição 3.8, sabemos que a soma dos ângulos internos de um triângulo ordinário é sempre menor que 180°. Assim, a soma dos ângulos do polígono ABCDEF é igual à soma dos ângulos internos dos 4 triângulos, ou seja, a soma dos ângulos do polígono é igual a 180° + 180° + 180° + 180° < (n − 2) · 180°.

Proposição 3.13

A soma dos ângulos internos de um polígono convexo hiperbólico de n lados é sempre menor que (n − 2) · 180°.

....

Dado um polígono convexo hiperbólico de n lados, vamos traçar suas diagonais a partir de um dos seus vértices, de modo a dividi-lo em n − 2 triângulos, assim como na Geometria Euclidiana. Observe a Figura 3.33, a seguir.

Figura 3.33 − Polígono convexo hiperbólico

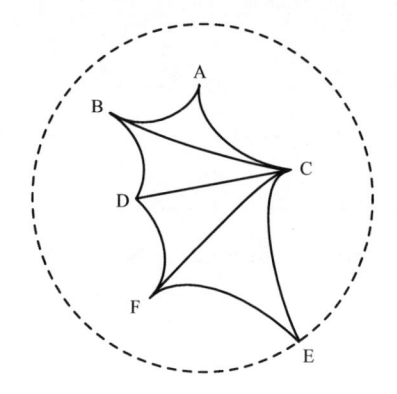

Na Figura 3.33, o polígono apresenta 6 lados (n = 6), e o dividimos em 4 triângulos (n − 2 = 6 − 2 = 4 triângulos). Pela Proposição 3.8, sabemos que a soma dos ângulos internos de um triângulo hiperbólico é sempre menor que 180°. Assim, a soma dos ângulos do polígono ABCDEF é igual à soma dos ângulos internos dos 4 triângulos, ou seja, a soma dos ângulos do polígono é igual a 180° + 180° + 180° + 180° < (n − 2) · 180°.

Observe que, se o polígono tiver todos os seus vértices como pontos ideais, a soma de seus ângulos internos será igual a zero.

Proposição 3.14

Seja um triângulo ordinário ABC com base BC e um quadrilátero de Saccheri BCDE com base BC. Se os pontos médios dos lados AB e AC do triângulo (pontos F e G), respectivamente, intersectam o lado DE do quadrilátero, então o triângulo ABC e o quadrilátero BCDE têm a mesma área.

•••

Vamos analisar a Figura 3.34, a seguir.

Figura 3.34 – Triângulo e quadrilátero de mesma área

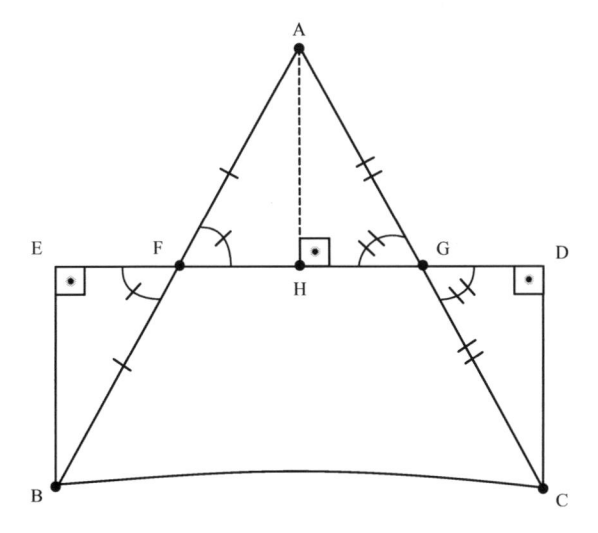

Observamos que os triângulos AHG e CDG são congruentes, pois têm um lado e dois ângulos iguais. O mesmo acontece com os triângulos AHF e BEF. Em consequência, a área do triângulo ABC é igual à área do quadrilátero BCDE.

3.8 Área de um triângulo hiperbólico

Vamos analisar as Figuras 3.35 e 3.36, a seguir. Observe que o triângulo ABC e o quadrilátero BCDE têm as mesmas características da Figura 3.34.

Figura 3.35 – Triângulos de mesma área com um lado congruente

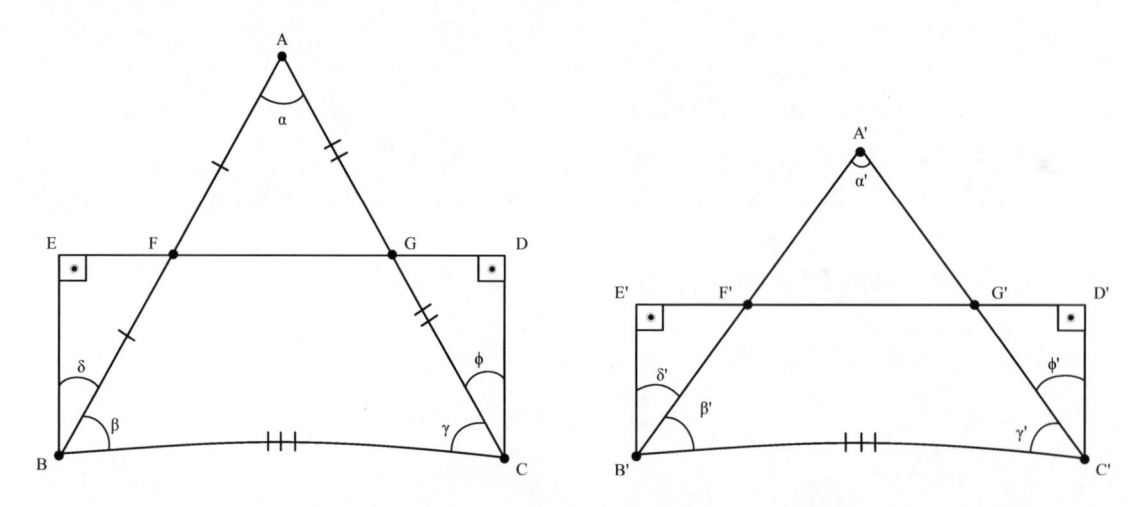

Proposição 3.15

Dois triângulos, ordinários ou hiperbólicos, que possuam a mesma diferença angular (δ) possuirão a mesma área.

Há dois casos a considerar:

1. os dois triângulos têm um lado congruente;
2. os dois triângulos não têm lado congruente.

Vamos supor que os lados BC e B'C' são congruentes. Sabemos, da demonstração anterior, que F e G são os pontos médios dos lados AB e AC, respectivamente, do triângulo ABC. Analogamente, F' e G' são os pontos médios dos lados A'B' e A'C', respectivamente, do triângulo A'B'C'.

Vimos pela demonstração anterior que $\alpha = \delta + \phi$. Logo, $\alpha' = \delta' + \phi'$. Supondo que $\alpha + \beta + \gamma = \alpha' + \beta' + \gamma'$, podemos escrever que $\delta + \phi + \beta + \gamma = \delta' + \phi' + \beta' + \gamma'$. Assim, temos $\delta + \beta = \phi + \gamma$. Logo, $\delta' + \beta' = \phi' + \gamma'$. Então, $2 \cdot (\phi + \gamma) = 2 \cdot (\phi' + \gamma')$. Dividindo por 2, temos $(\phi + \gamma) = (\phi' + \gamma')$, o que nos permite concluir que $\delta + \beta = \phi + \gamma = \delta' + \beta' = \phi' + \gamma'$.

No início, consideramos BC $\equiv$ B'C', por isso, BCDE $\equiv$ B'C'D'E'; e, pela Proposição 3.14, concluímos que as áreas dos triângulos ABC e A'B'C' são iguais.

Agora, vamos supor o segundo caso, ou seja, os dois triângulos, ABC e A'B'C', não têm lados congruentes. Para isso, vamos considerar AC < A'C' e vamos traçar uma circunferência de centro C e raio igual a $\dfrac{A'C'}{2}$.

O lado AB intersecta o lado DE do quadrilátero no ponto G, e o lado AC intersecta o lado DE do quadrilátero no ponto H. Assim, a circunferência intersectará GH nos pontos K e L.

Considerando o ponto F de modo que o ponto K seja o ponto médio de FC, o lado FB intersectará o lado DE do quadrilátero no ponto J, e o lado FC intersectará o lado DE do quadrilátero no ponto K. Observe a Figura 3.36, a seguir.

Figura 3.36 – Triângulos de mesma área sem um lado congruente

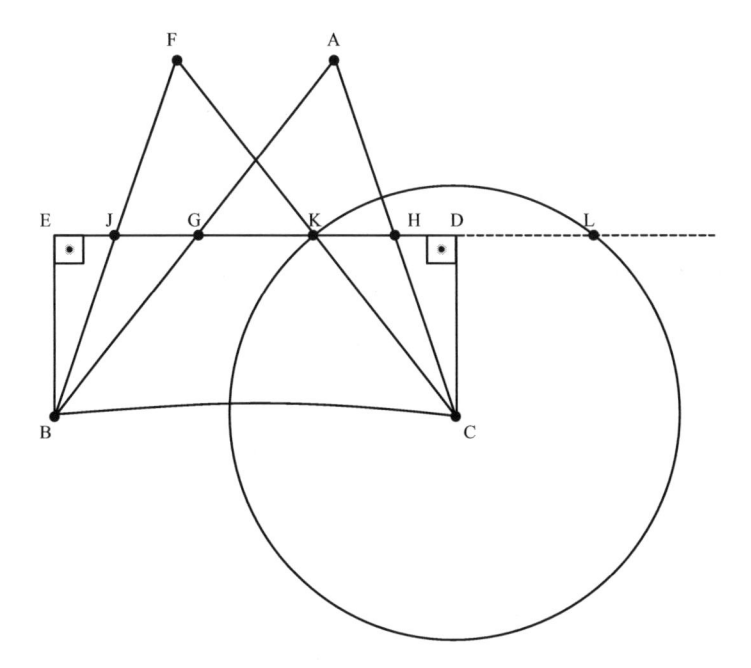

Veja que os pontos G e H são, respectivamente, os pontos médios dos lados AB e AC. Se o ponto K for o ponto médio do lado FC, então J será o ponto médio do lado FB.

Pela Proposição 3.14, sabemos que os triângulos FBC e ABC da Figura 3.36 têm a mesma área. Mas os triângulos FBC e A'B'C' (observe a Figura 3.37, a seguir) têm a mesma diferença angular, uma vez que os triângulos ABC e FBC têm a mesma diferença angular e FC ≡ A'C'.

Traçamos uma circunferência de centro C e raio igual a $\dfrac{A'C'}{2}$. Façamos, então, o triângulo A'B'C', conforme representado na Figura 3.37, a seguir.

Figura 3.37 – Triângulo A'B'C' da Figura 3.35

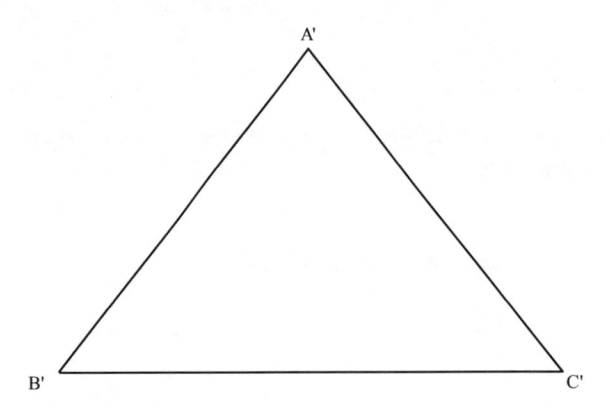

Pelo caso anterior, temos que FBC e A'B'C' têm a mesma área. Logo, ABC e A'B'C' também têm a mesma área.

Em consequência da análise da proposição anterior, verificamos que dois triângulos ordinários possuem a mesma diferença angular se, e somente, possuírem a mesma área. A área do triângulo hiperbólico – A(Δ) – é dada por:

$$A(\Delta) = \pi - (\alpha + \beta + \gamma)$$

3.9 Curva limitante e curva equidistante

Na geometria de Lobachevsky, precisamos conhecer dois importantes tipos de curvas: (1) a limitante e (2) a equidistante.

A curva limitante, também chamada de *horocírculo* (ou *horociclo*), é usada para a obtenção das fórmulas da trigonometria hiperbólica.

Segundo Coutinho (2001), a curva limitante é a trajetória ortogonal de um feixe de retas com vértice em um ponto ideal ou ponto ômega (Ω). Ou seja, a curva limitante é a curva descrita por um vetor cuja direção é sempre perpendicular a cada uma das infinitas retas do feixe. Observe a Figura 3.38, a seguir.

Figura 3.38 – Curva limitante ou horocírculo

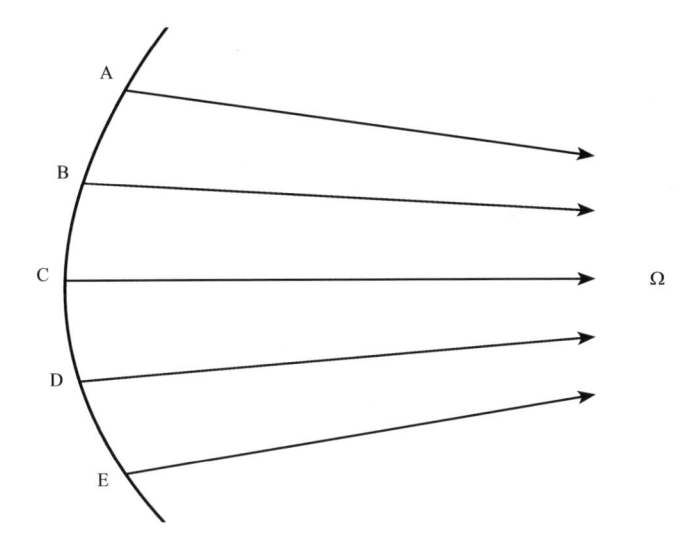

Nela, a curva ABCDE é uma curva limitante cujo vértice está no ponto ideal Ω. Como a curva limitante corta todas as retas do feixe formando sempre ângulos retos, cada uma dessas retas é um raio da curva limitante de centro no ponto Ω.

Na Geometria Euclidiana, a reta pode ser considerada como um círculo cujo centro está em um ponto do infinito. Já na geometria hiperbólica, a curva limitante ou horocírculo é a equivalente a esse círculo da Geometria Euclidiana.

Observe que essa curva limitante apresenta propriedades semelhantes às de um círculo euclidiano, a saber:

a) uma reta perpendicular no ponto médio de uma corda passa pelo centro do círculo;

b) três pontos distintos de uma curva limitante a determinam de maneira única.

Porém, há ainda uma propriedade própria da curva limitante: Quaisquer duas curvas limitantes são congruentes.

Observe que um horocírculo fica determinado por um ponto ideal Ω e por um ponto ordinário P. Vejamos isso no modelo do disco de Poincaré, confira a Figura 3.39, a seguir.

Figura 3.39 – Horocírculo determinado por um ponto ideal Ω e por um ponto ordinário
P (raio = $P\Omega$)

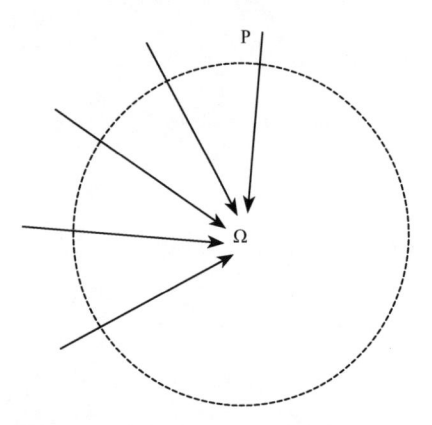

É importante observar que, como já citado, quaisquer dois horocírculos são congruentes. Observe a Figura 3.40, a seguir, na qual há dois horocírculos, S_1 e S_2, cujos centros são, respectivamente, Ω_1 e Ω_2.

Figura 3.40 – Horocírculos congruentes

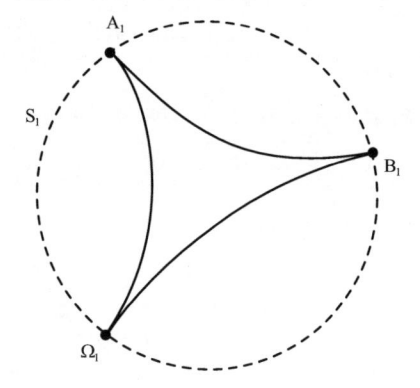

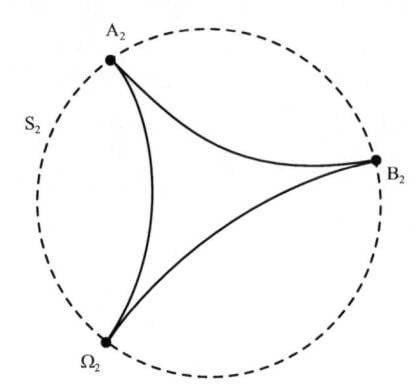

S_1 e S_2 são congruentes se, para quaisquer A_1, $B_1 \in S_1$, temos A_2, $B_2 \in S_2$, tais que $A_1B_1\Omega_1 \equiv A_2B_2\Omega_2$.

Já a curva equidistante, também chamada de *hipercírculo* (ou *hiperciclo*), está relacionada ao quadrilátero de Saccheri.

Segundo Coutinho (2001), a curva equidistante é a trajetória ortogonal de um feixe de retas, com uma perpendicular comum. Ou seja, é a trajetória dada por um vetor cuja direção é sempre perpendicular a cada uma das retas do feixe e a mesma distância da perpendicular comum a essas retas. Essa perpendicular é comumente chamada de *linha base*. Observe a Figura 3.41, a seguir.

Figura 3.41 – Curva equidistante, hipercírculo ou hiperciclo

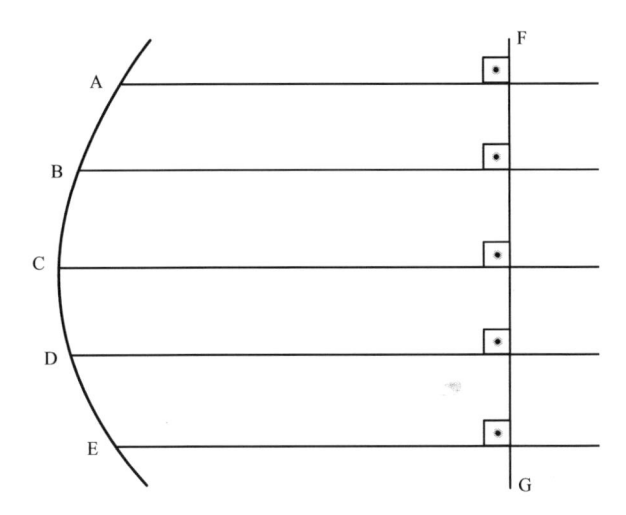

Uma curva equidistante possui dois ramos, sendo um de cada lado da linha base. Considerando a Figura 3.41, um dos ramos é ABCDE e a linha base é FG.

E qual é a relação da curva equidistante com o quadrilátero de Saccheri? Observe que o quadrilátero é formado pela linha base, por duas retas do feixe e pelo segmento que as une. Observe a Figura 3.42, a seguir.

Figura 3.42 – Quadrilátero de Saccheri

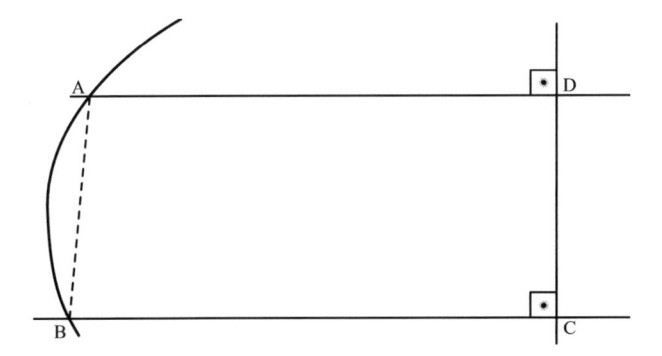

Considere o modelo do disco de Poincaré da Figura 3.39. Conforme Rocha (1987), consideremos o conjunto P de todas as retas perpendiculares à reta r. C não é uma reta hiperbólica. Os pontos P e $P_1 \in C$. O lugar geométrico C de todos os pontos correspondentes de P nas demais retas de P é chamado de *curva equidistante de r*. A distância de P a r é denominada *distância de C a r*.

Observe que, na Figura 3.43, a seguir, os pontos Q e Q_1 são os pés das perpendiculares baixadas de P e P_1 à reta r. Então, PQQ_1P_1 é um quadrilátero de Saccheri.

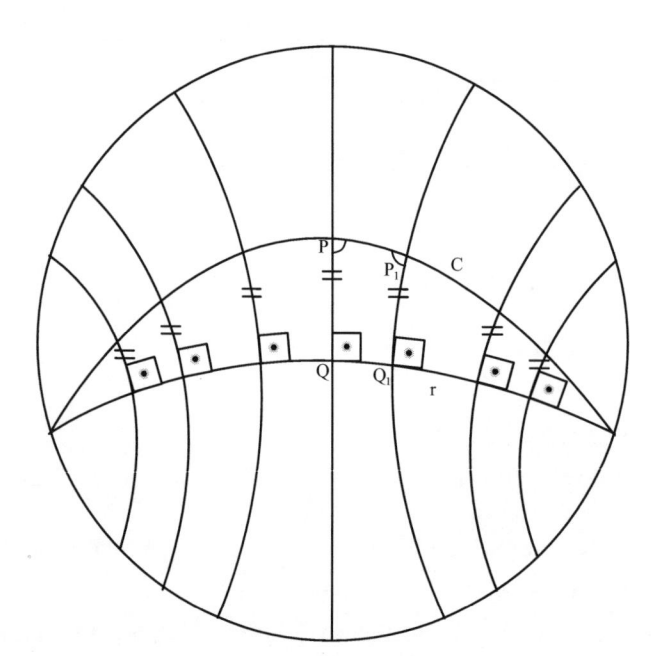

Figura 3.43 – Curva equidistante no modelo do disco de Poincaré

Note que a curva equidistante apresenta algumas propriedades idênticas às da curva limitante, mas outras não. Por exemplo:

a) três pontos distintos de uma curva equidistante a determinam de maneira única;
b) nem todas as curvas equidistantes são congruentes; só são congruentes aquelas equidistantes à linha base.

Verificamos, então, que três pontos não alinhados, no h-plano, podem pertencer a um círculo ou a uma curva limitante ou, ainda, a um dos ramos de uma curva equidistante.

Síntese

Neste capítulo, estudamos triângulos impróprios e quadriláteros. Aprendemos a identificar o que são pontos ideais e pontos ordinários e a analisar as propriedades dos triângulos hiperbólicos. Os triângulos hiperbólicos ou triângulos ômega são os triângulos que têm um ou mais vértices em pontos ideais ou pontos ômega. Aprendemos também o que é ângulo de paralelismo e como calcular a soma dos ângulos internos de um triângulo hiperbólico. Vimos que, assim como na geometria plana, os triângulos ômega apresentam casos de congruência. Na sequência, vimos como identificar o ponto gama e polígonos equivalentes. Finalmente, aprendemos a identificar uma curva limitante e uma curva equidistante.

Atividades de autoavaliação

1) Considerando o conteúdo deste capítulo, analise as afirmativas a seguir:

   I. Os pontos de interseção das retas hiperbólicas com o horizonte são pontos que pertencem ao plano hiperbólico.
   II. Os pontos de interseção das retas hiperbólicas com o horizonte são chamados de *pontos ideais* ou *pontos finais* da reta hiperbólica.
   III. Os pontos ideais são também conhecidos como *pontos no infinito* ou como *pontos ômega de h-plano*.
   IV. Cada reta no plano hiperbólico possui infinitos pontos ideais.

   Está correto apenas o que se afirma em:

   a. I, II e IV.
   b. II e III.
   c. II, III e IV.
   d. I, II e III.

2) Os triângulos hiperbólicos ou triângulos ômega são os triângulos que têm um ou mais vértices em pontos ideais ou pontos ômega.
   Considerando essa afirmação e o conteúdo deste capítulo, analise as afirmativas a seguir:

   I. Podemos ter um triângulo hiperbólico com três vértices ômega.
   II. Podemos ter um triângulo hiperbólico com dois vértices ômega e um vértice ordinário.
   III. Podemos ter um triângulo hiperbólico com três vértices ordinários.
   IV. Os triângulos hiperbólicos ou triângulos ômega são ainda chamados de *triângulos generalizados*.

   Está correto apenas o que se afirma em:

   a. II e III.
   b. I, II e III.
   c. I, II e IV.
   d. II, III e IV.

3) Na geometria hiperbólica, duas retas paralelas não possuem um ponto em comum. Entretanto, elas encontram-se em um ponto ideal ou ponto ômega.
Considerando essa afirmação e o conteúdo deste capítulo, analise as afirmativas a seguir:

I. No modelo de Beltrami-Klein, esse ponto ideal ou ponto ômega é a extremidade da corda que está sobre o círculo.
II. O ponto de encontro de duas retas hiperbólicas paralelas é chamado de *ponto ultraideal* ou *ponto gama*.
III. As retas hiperbólicas paralelas, quando se encontram em um ponto ômega, são denominadas *retas assintóticas*.
IV. Ponto ultraideal ou ponto gama é o ponto de interseção de uma reta hiperbólica com a fronteira do disco de Beltrami-Klein.

Está correto apenas o que se afirma em:

a. I, III e IV.
b. II e III.
c. II, III e IV.
d. I e III.

4) Na geometria hiperbólica, a soma das medidas dos ângulos internos de um triângulo retângulo ordinário é menor que 180°.
Na geometria hiperbólica, a soma das medidas dos ângulos internos de um triângulo ordinário qualquer é menor que 180°.
Na geometria hiperbólica, se dois triângulos são semelhantes, então são congruentes.
Dois polígonos são equivalentes se podem ser divididos no mesmo número finito de pares de triângulos congruentes.
Considerando essas afirmações e o conteúdo deste capítulo, analise as afirmativas a seguir:

I. A soma das medidas dos ângulos internos de um triângulo ômega é sempre menor que 180°.
II. A soma das medidas dos ângulos internos de um polígono convexo ordinário de n lados é sempre menor que $(n - 2) \cdot 180°$.
III. A soma das medidas dos ângulos internos de um polígono ABCDEF (6 lados) é igual à soma das medidas dos ângulos internos de 3 triângulos.

IV. Se um polígono tiver todos os seus vértices como pontos ideais, a soma das medidas dos seus ângulos internos é igual a zero.

Está correto apenas o que se afirma em:

a. I, II e IV.
b. I e II.
c. II, III e IV.
d. III e IV

4
Geometria esférica ou elíptica

No Capítulo 1, vimos que a geometria surgiu da necessidade de realizar medidas que estimassem distâncias, áreas e volumes para que os coletores de impostos, bem como outros profissionais, pudessem desempenhar suas atividades. Além disso, vimos que a geometria de Riemann, da qual trataremos neste capítulo, também é chamada de *esférica* ou *elíptica*.

Conforme Cruz e Santos (2019, p. 14, grifo do original):

> Em sua trajetória o homem sempre usou-se [sic] da arte de explorar o mundo para a satisfação de necessidades filosóficas ou de sobrevivência. Com relação à Geometria, não poderia ser diferente. Etimologicamente, a palavra geometria vem do grego, *geo*, que significa Terra, e *metria*, medida (medida da Terra).
>
> Evidentemente, ocorreram muitos avanços no conhecimento geométrico, e, correlato a isso, os conceitos passaram por mudanças. Riemann com sua visão revolucionária sobre Geometria considera que, "para construir uma teoria geométrica é necessário: a) uma variedade de elementos; b) as coordenadas destes elementos (em um caso geral n); c) a lei de medição das distâncias entre esses elementos" (Ribnikov, 1987, p. 445).

Pela Geometria Euclidiana, sabemos que a menor distância entre dois pontos é uma linha reta, que se estende infinitamente em ambas as direções. Mas e quando consideramos dois pontos sobre a superfície da Terra? Kasner e Newman (1968, p. 146) afirmam que:

> todos sabem, face a muitas experiências feitas por exploradores aeronáuticos, [...] que a rota mais curta entre dois pontos da superfície da Terra pode ser traçada seguindo-se o arco do grande círculo que passa por ambos. De modo bastante conveniente, há sempre um grande círculo que passa em cada dois pontos da superfície de uma esfera.

Mas qual é a forma da Terra? Ela é redonda, no entanto não é uma esfera perfeita, pois é achatada nos polos, ou seja, a Terra é, aproximadamente, um elipsoide. Observe a Figura 4.1, a seguir.

Figura 4.1 – Seção da superfície terrestre

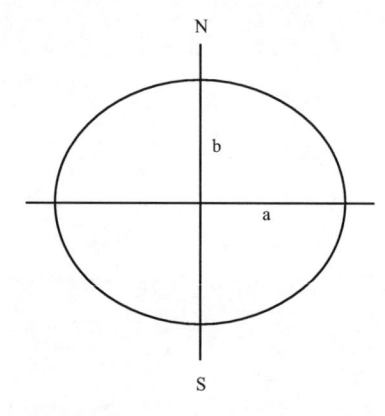

O semieixo maior mede a e é igual à metade do diâmetro do Equador; o semieixo menor mede b e é igual à metade da distância entre os polos Norte e Sul. Os polos de um círculo da esfera são as extremidades do diâmetro perpendicular ao plano do mesmo círculo. O eixo que une os polos Norte e Sul é chamado de *eixo polar*. O Equador, portanto, é o círculo de maior raio da esfera.

Observe que a superfície terrestre é a superfície de revolução gerada por essa elipse quando ela gira em torno da reta que passa pelos polos.

Como o achatamento da Terra é muito pequeno, podemos considerá-la como se fosse uma esfera. Confira a Figura 4.2, a seguir.

Figura 4.2 – Globo terrestre

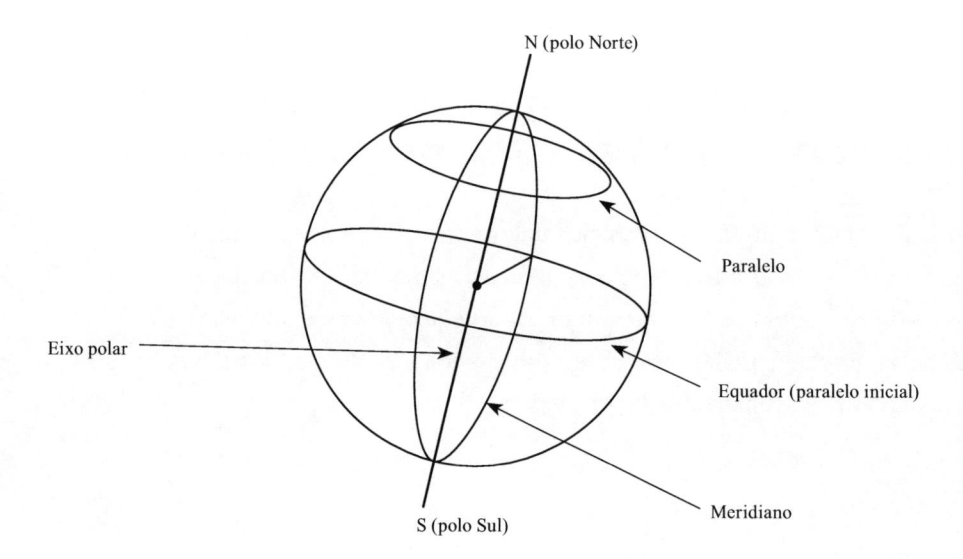

Nela, vemos o plano do Equador, uma linha imaginária que divide a Terra ao meio; chamamos a parte superior a essa linha de *hemisfério Norte*, que possui o polo Norte, e a parte inferior, de *hemisfério Sul*, que possui o polo Sul. Observe que o Equador passa pelo centro da esfera e é perpendicular ao eixo polar. A distância de cada polo a um ponto qualquer da circunferência do círculo é chamada de *distância polar da esfera*.

Os paralelos são círculos paralelos ao plano do Equador e os principais são: Trópico de Câncer, Trópico de Capricórnio, Círculo Polar Ártico e Círculo Polar Antártico. Especial atenção deve ser dada ao paralelo que chamamos *linha do Equador*.

Os meridianos, cujos opostos são os antimeridianos, são as semicircunferências perpendiculares ao Equador e que ligam os polos Norte e Sul. O principal meridiano é o de Greenwich.

Convém lembrar, entretanto, que a forma verdadeira da Terra é denominada *geoide*, conforme representado na Figura 4.3, a seguir, e da qual falaremos mais adiante.

Figura 4.3 – Forma da Terra

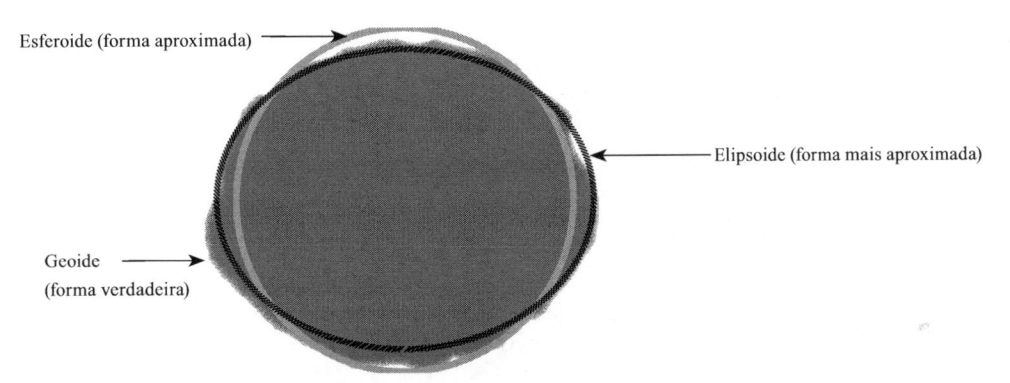

Para o correto entendimento da geometria esférica ou elíptica, cabe recordarmos conceitos/aspectos da circunferência, da elipse e da esfera.

4.1 Circunferência

Notação

$\overline{CM}$ – segmento de reta de um ponto a outro.

De acordo com Leite e Castanheira (2017, p. 67, grifo do original):

Uma equação que apresenta inúmeras aplicações matemáticas é a equação de segundo grau (quadrática) com as variáveis x e y, expressa por:

$$A \cdot x^2 + B \cdot x \cdot y + C \cdot y^2 + D \cdot x + E \cdot y + F = 0$$

Nela, A, B, C, D, E e F são expressas como *constantes*, e ao menos um dos coeficientes A, B e C deve ser não nulo. A representação gráfica dessa equação mostra curvas planas denominadas *cônicas* [...] – conforme os valores de seus coeficientes A, B e C. Particularmente, uma *circunferência* é o lugar geométrico dos pontos de um plano que se encontram equidistantes de um ponto fixo do mesmo plano, denominado *centro*.

A equação $A \cdot x^2 + A \cdot y^2 + D \cdot x + E \cdot y + F = 0$ (ou seja, a mesma vista anteriormente, apenas com B = 0 e A = C) representa uma circunferência. Ou seja, para que uma equação do segundo grau represente uma circunferência, é necessário que os coeficientes dos termos do segundo grau sejam iguais e que inexista o termo em *xy*.

Na forma canônica, a equação da circunferência pode ser escrita como: $(x-h)^2 + (y-k)^2 = R^2$, sendo C (h, k) o centro da circunferência, R = CM o seu raio e M(x, y).

[...] [Observe o Gráfico 4.1].

[...]

No triângulo [retângulo] CMP, $\overline{CM}$ é a hipotenusa, enquanto PM e PC são os catetos. Assim, aplicando o teorema de Pitágoras, temos:

$(x-h)^2 + (y-k)^2 = R^2$

Consequentemente, se o centro for o ponto C (0, 0), a equação da circunferência será $x^2 + y^2 = R^2$.

Gráfico 4.1 – Circunferência

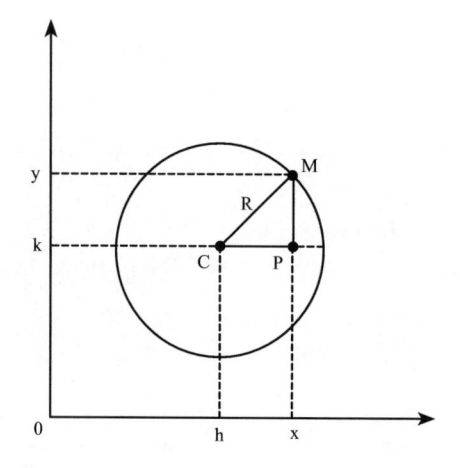

Fonte: Leite; Castanheira, 2017, p. 67.

Outros importantes elementos de uma circunferência são: diâmetro, arco e corda; ilustrados no Gráfico 4.2, a seguir.

Gráfico 4.2 – Elementos de uma circunferência

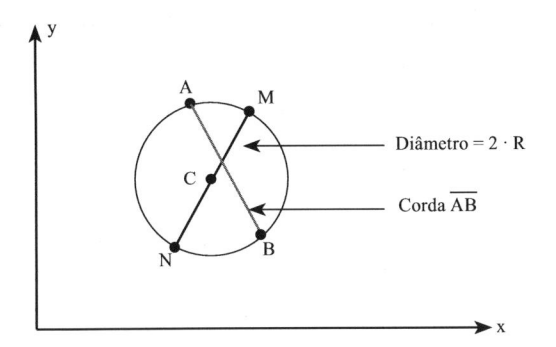

No Gráfico 4.2, C é o centro da circunferência e, como vimos no Gráfico 4.1, $\overline{CM}$ é o raio. Assim, o dobro do raio é o diâmetro da circunferência, logo, no Gráfico 4.2, o **diâmetro** é $\overline{MN}$.

Um **arco** é a porção compreendida entre dois pontos de uma curva. Portanto, o arco de uma circunferência é a porção compreendida entre dois pontos dessa circunferência. No Gráfico 4.2, por exemplo, temos os arcos $\overparen{AB}$, $\overparen{AM}$, $\overparen{AN}$, entre outros. Já a **corda** é o segmento de reta que une os extremos de um arco. No Gráfico 4.2, temos a corda $\overline{AB}$.

4.2 Elipse

Conforme Leite e Castanheira (2017, p. 105):

> A elipse é o lugar geométrico dos pontos de um plano em que a soma das distâncias d_1 e d_2 a dois pontos fixos F_1 e F_2, denominados *focos* da elipse nesse mesmo plano, é constante e igual ao eixo maior da elipse.
>
> Assim, vamos considerar, [...] [na Figura 4.4, a seguir], os pontos X, Y e Z sobre a elipse, sendo F_1 e F_2 os dois focos.
>
> [...]
>
> Dessa configuração, temos:
>
> $d_{XF1} + d_{XF2} = 2 \cdot a$
> $d_{YF1} + d_{YF2} = 2 \cdot a$
> $d_{ZF1} + d_{ZF2} = 2 \cdot a$

Figura 4.4 – Elipse

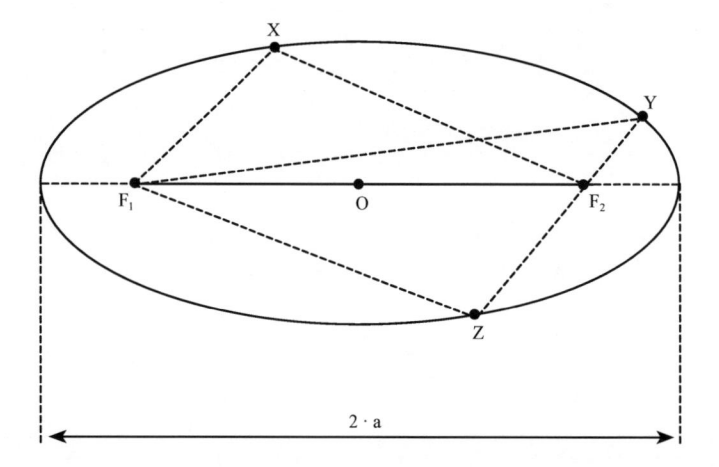

Fonte: Leite; Castanheira, 2017, p. 105.

4.2.1 Elementos de uma elipse

Ainda de acordo com Leite e Castanheira (2017, p. 106, grifo do original):

> Para definirmos os elementos de uma elipse, vamos considerar [...] [a Figura 4.5, a seguir].
>
> F_1 e F_2 são os *focos* da elipse.
>
> A_1, A_2, B_1, B_2 são os *vértices* da elipse.
>
> O é o *centro* da elipse e também o ponto médio de $\overline{F_1F_2}$.
>
> $\overline{A_1A_2}$ é o *eixo maior* da elipse: $\overline{A_1A_2} = 2 \cdot a$
>
> $\overline{B_1B_2}$ é o *eixo menor* da elipse: $\overline{B_1B_2} = 2 \cdot b$
>
> $\overline{F_1F_2}$ é a *distância focal*: $\overline{F_1F_2} = 2 \cdot c$
>
> $\overline{CF_1}$ e $\overline{CF_2}$ são os *raios vetores* (segmento com origem em um dos focos e extremidade em um ponto da curva):
> $d_1 + d_2 = 2 \cdot a$

Figura 4.5 – Elementos de uma elipse

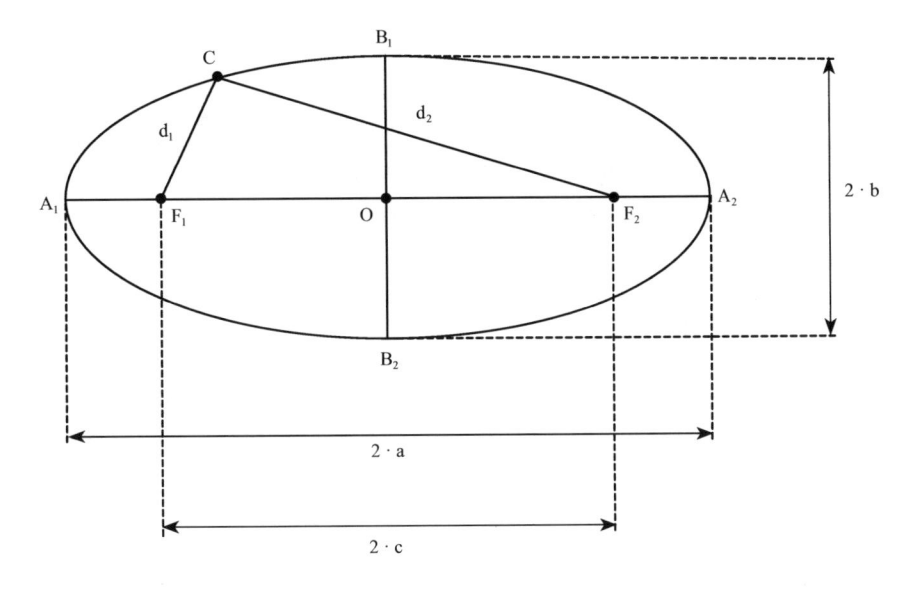

Fonte: Leite; Castanheira, 2017, p. 106.

4.2.2 Relações entre os eixos e a distância focal

Vamos considerar a Figura 4.6, a seguir.

Figura 4.6 – Relações entre os eixos da elipse

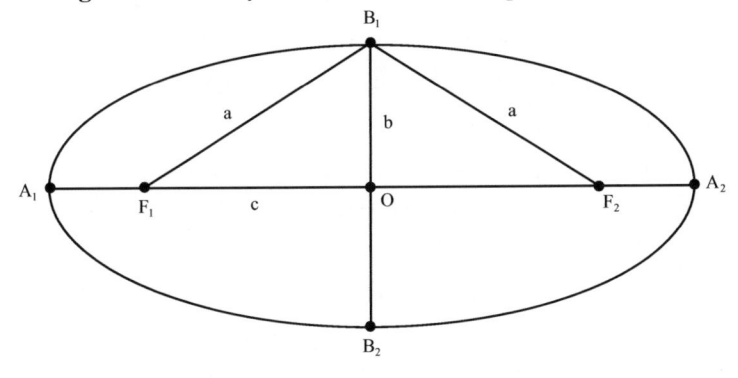

Fonte: Leite; Castanheira, 2017, p. 106.

Novamente segundo Leite e Castanheira (2017, p. 106):

> [...] vamos aplicar o teorema de Pitágoras no triângulo retângulo F_1OB_1, sendo OB_1 o semieixo menor da elipse e F_1O é a semidistância focal.

Pela aplicação do teorema de Pitágoras, temos:

$a^2 = b^2 + c^2$

A fórmula da elipse é $\frac{(x-h)^2}{a^2} + \frac{(y-k)^2}{b^2} = 1$, mas lembre-se de que $\frac{x^2}{a^2} + \frac{y^2}{b^2} = 1$ é a forma reduzida da equação de uma elipse em que o centro está na origem dos eixos cartesianos e o eixo focal é o eixo horizontal. Lembre-se também de que o ponto P(x, y) pertence à elipse e de que $a > c \geq 0$.

Caso o eixo focal da elipse esteja sobre o eixo vertical, teremos como equação da elipse $\frac{y^2}{a^2} + \frac{x^2}{b^2} = 1$.

4.3 Geodésica

Segundo Fontes (2005, p. 2):

> A adoção de uma forma geométrica para o planeta Terra depende dos fins práticos a que se propõe; para a Topografia adota-se a geometria plana, para cálculos astronômicos recorre-se à forma esférica, para cálculos mais rigorosos, firma-se o modelo geométrico-matemático tipo elipsoidal de revolução.

Pitágoras de Samos e Aristóteles acreditavam que a Terra apresentava uma forma esférica, já Isaac Newton definiu a forma dela como elipsoidal, por sua vez, Gauss concluiu que o geoide era a melhor maneira de definir a forma da Terra (Fontes, 2005).

E o que é geodesia? É a ciência "que se ocupa da determinação das dimensões e forma da Terra, seu campo gravitacional, locação de pontos fixos e sistemas de coordenadas, ou de uma parte de sua superfície"; a palavra vem do grego *geodaisia*, que significa "repartição ou seção da terra" (Houaiss; Villar, 2009). A geodesia nos permite analisar, medir e representar o espaço geográfico do planeta com precisão.

Como vimos no Capítulo 2, geodésica é o caminho mais curto entre dois pontos em um espaço tridimensional, ou seja, é o comprimento do menor arco de circunferência máxima que passa por dois pontos. Observe a Figura 4.7, a seguir. Por exemplo, ao traçar uma suposta linha reta sobre o Equador do planeta, ela terá a forma de uma grande circunferência. Essa linha curva (mas que segue uma "reta" na superfície) é a chamada *geodésica* da Terra (Dubay, 2019). Portanto, o grande círculo em uma esfera corresponde à linha reta do plano.

Figura 4.7 – Geodésica AB

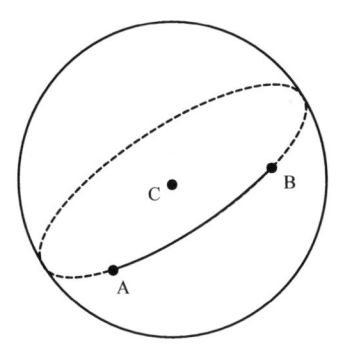

Nesse sentido, é importante definir esfera e superfície esférica. Uma **superfície esférica** é a superfície gerada pela rotação de uma semicircunferência em torno do diâmetro; outra forma de defini-la é como o lugar geométrico dos pontos equidistantes de um ponto interior r, chamado de *centro de uma esfera*.

E o que é uma esfera? Seja o ponto C, que denominaremos *centro da esfera*, e r um número real e positivo, que chamaremos de *raio da esfera*, a **esfera** é o lugar geométrico dos pontos P do espaço cujas distâncias até C são menores ou iguais a r.

Confira a Figura 4.8, a seguir.

Figura 4.8 – Esfera de centro C e raio r

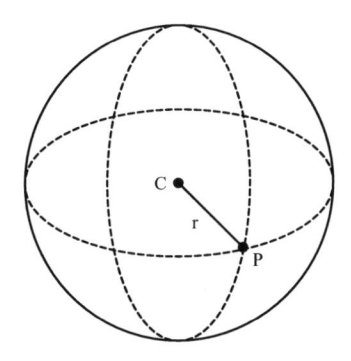

Simplificadamente, podemos definir esfera como um sólido limitado por uma superfície esférica.

Assim, uma linha reta pode se localizar no plano, na esfera, na pseudoesfera ou em qualquer outra superfície. Em todos os casos, ela é denominada *geodésica*. Logo, se duas geodésicas de um plano encontrarem-se em um ponto, significa que elas não são paralelas. Em uma esfera, duas geodésicas sempre se encontram em dois pontos; já em uma pseudoesfera elas aproximam-se assintoticamente, mas nunca se encontram.

Segundo Garbi (2006), Carl Friedrich Gauss (1777-1855) fez uma importante descoberta sobre as superfícies curvas utilizando a geometria diferencial. Depois da introdução ao conceito de curvatura em cada ponto de superfícies do espaço euclidiano tridimensional, Gauss mostrou que ela pode ser nula, positiva ou negativa. Considerando-se três pontos diferentes sobre uma superfície curva e unindo esses pontos, dois a dois, pelos caminhos mais curtos desta superfície, forma-se um triângulo dito geodésico. No início, Gauss chamava a nova geometria de *antieuclidiana*, depois de *astral* e, finalmente, de *não euclidiana* (Rosenfeld, 1988).

Assim, Gauss demonstrou que em todos os pontos, para superfícies constantes:

> a) se a curvatura é zero, a soma dos ângulos internos dos triângulos geodésicos é igual a dois retos. b) se a curvatura é positiva, a soma dos ângulos internos dos triângulos geodésicos é maior que dois retos e as áreas de tais triângulos são proporcionais aos excessos daquela soma em relação a dois retos. c) se a curvatura é negativa, a soma dos ângulos internos dos triângulos geodésicos é menor que dois retos e as áreas de tais triângulos são proporcionais aos déficits daquela soma em relação a dois retos. (Garbi, 2006, p. 258)

Observe a Figura 4.9, a seguir.

Figura 4.9 – Triângulos nas geometrias esférica ou elíptica ($\Omega_0 > 1$), hiperbólica ($\Omega_0 < 1$) e euclidiana ($\Omega_0 = 1$)

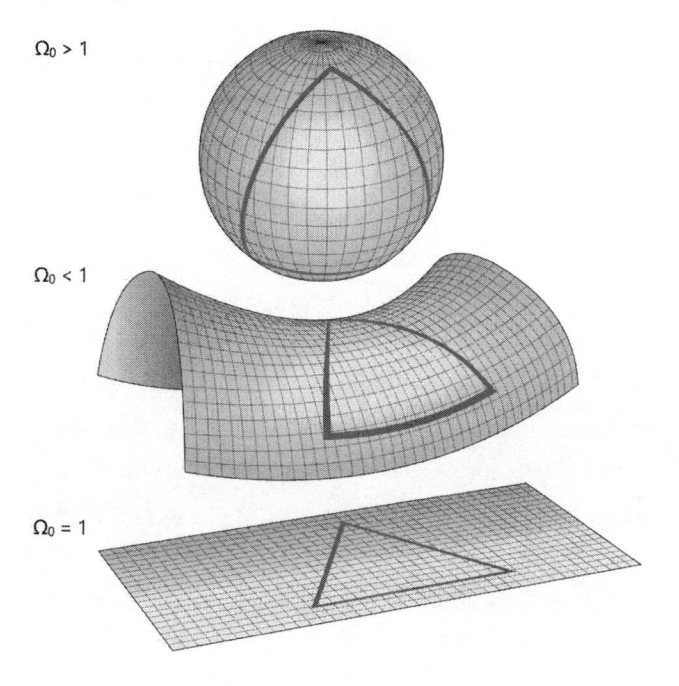

Para dar continuidade, vamos conhecer duas importantes propriedades da esfera:

1. Toda seção plana de uma esfera é um círculo.
Observe a Figura 4.10, a seguir.

Figura 4.10 – Plano α que intersecta uma esfera de centro C e de raio r

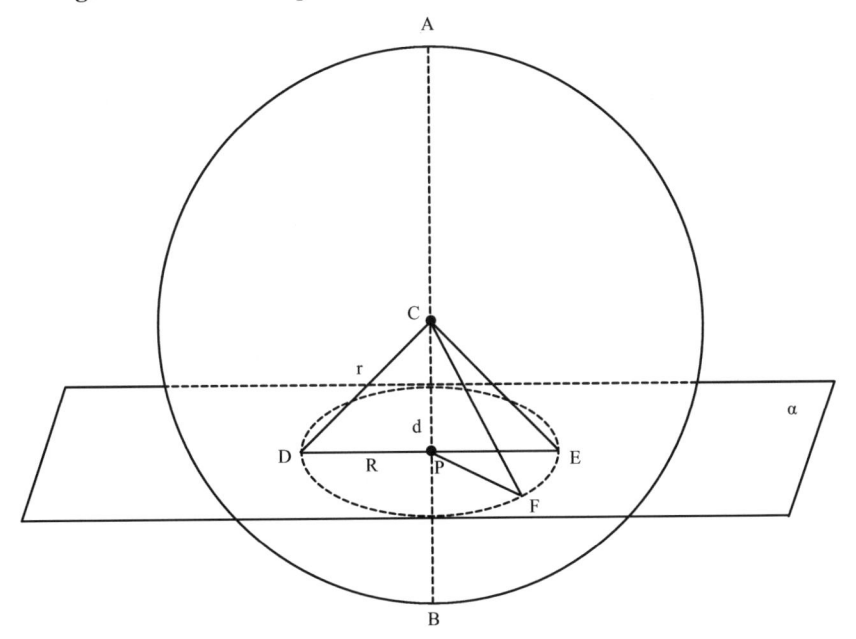

Temos na Figura 4.10 o plano α intersectando a esfera de centro C. Traçamos, passando pelo ponto C, o diâmetro AB, perpendicular ao plano α. O diâmetro AB corta o plano α no ponto P. Passando pelo ponto P, traçamos o segmento de reta DE, perpendicular ao diâmetro AB e pertencente ao plano α. Marcamos um ponto F qualquer, também pertencente à interseção do plano α com a esfera. Observe que CD, CE e CF são oblíquas iguais. Logo, PD = PE = PF, ou seja, o ponto P é equidistante de todos os pontos da linha DFE. Consequentemente, a linha DFE é uma circunferência e a seção é um círculo em que o centro é o ponto P.

Chamando de R o raio da seção e de d a distância do centro da esfera (ponto C) até a circunferência da seção, temos $R^2 = r^2 - d^2$. Assim, se d = 0, R = r, e a seção é chamada de *círculo máximo* e os demais círculos, de *círculos menores*.

2. Por quatro pontos não situados no mesmo plano passa uma e apenas uma esfera.
Observe a Figura 4.11.

Figura 4.11 – Pontos que determinam uma e somente uma esfera

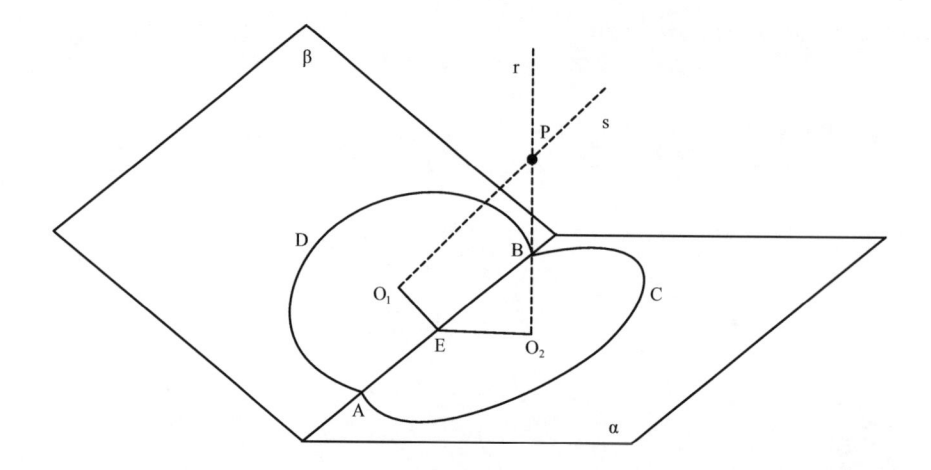

Suponha os pontos A, B, C e D não pertencentes ao mesmo plano. As circunferências determinadas pelos pontos A, B e C e pelos pontos A, B e D têm em comum a corda AB. Traçamos perpendiculares à corda AB passando pelos centros das duas circunferências, O_1 e O_2. Essas duas perpendiculares, portanto, encontram-se no ponto E, que é o ponto médio da corda AB.

As retas concorrentes O_1EO_2 determinam um plano perpendicular a AB e, consequentemente, aos planos α e β.

A partir do centro O_1, traçamos uma perpendicular ao plano α (reta r), e a partir do ponto O_2, traçamos uma perpendicular ao plano β (reta s). Observe que as retas r e s estão contidas no plano O_1EO_2 e concorrem no ponto P. Esse ponto P, por sua vez, é o centro de uma esfera que passa nos quatro pontos A, B, C e D. Essa esfera é única, pois o ponto P é o único ponto equidistante dos quatro pontos.

Considerando essa segunda propriedade, concluímos que uma esfera fica determinada:

a) por quatro pontos não situados no mesmo plano;
b) por um círculo e um ponto exterior, não coplanares;
c) por dois círculos secantes ou tangentes, não coplanares.

As principais partes de uma superfície esférica são:

a) Zona esférica de duas bases, ou simplesmente zona – parte da superfície esférica compreendida entre dois planos paralelos que a seccionam; os dois círculos determinados pelos planos limitadores da zona chamam-se *bases* e a distância entre esses planos, *altura*.

b) Calota esférica – qualquer uma das duas partes da superfície esférica determinada por um plano que a secciona; o círculo determinado por esse plano é chamado *base das calotas* e a distância entre esse plano e os planos paralelos tangentes à esfera é sua altura, conforme mostrado na Figura 4.12.

Figura 4.12 – Zona esférica e calota esférica

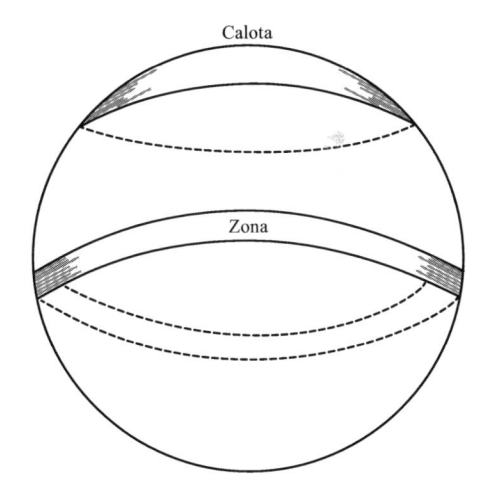

c) Fuso esférico – cada uma das duas partes da superfície esférica compreendida entre duas semicircunferências máximas dessa superfície esférica de diâmetro comum; ângulo de um fuso é o diedro constituído pelos semiplanos das duas semicircunferências máximas que o limitam, conforme mostrado na Figura 4.13.

Figura 4.13 – Fuso esférico

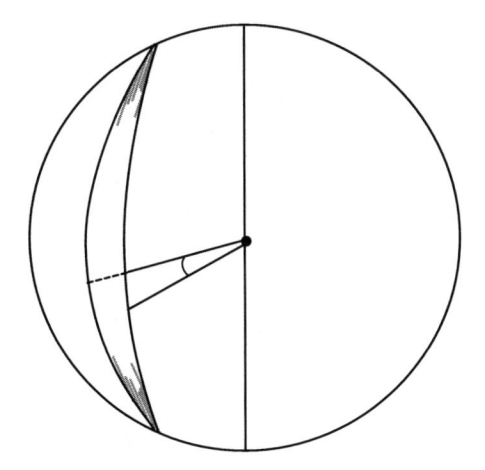

Um fuso esférico também é conhecido como *biângulo esférico*. Observe a Figura 4.14, em que duas circunferências máximas determinam um fuso esférico completo ou duplo.

Figura 4.14 – Fuso esférico completo ou duplo

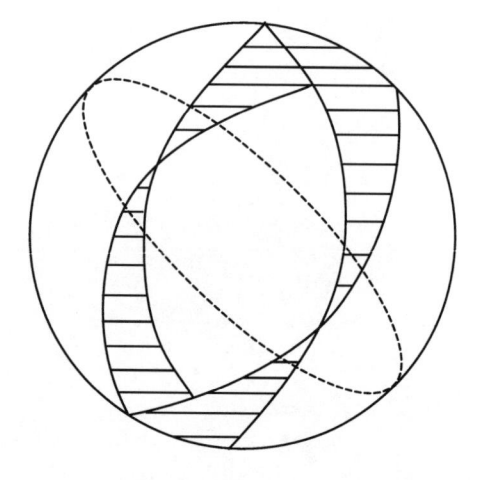

4.4 Geometria esférica ou elíptica

Quando apenas a Geometria Euclidiana era conhecida, sabia-se que a soma dos ângulos internos de qualquer triângulo seria sempre igual a 180°. Ao estudar a geometria hiperbólica, uma das Geometrias Não Euclidianas, verificou-se que a soma dos ângulos internos de qualquer triângulo seria sempre menor que 180°, podendo ser até mesmo igual a zero. Agora, estudaremos a geometria esférica ou elíptica, na qual a soma dos ângulos internos de um triângulo é sempre maior que 180°, podendo chegar a 540°.

Georg Friedrich Bernhard Riemann (1826-1866) abandonou a noção de "estar entre", tratando a reta não mais como infinita (Geometria Euclidiana), mas sim ilimitada. De acordo com Mlodinow (2004, p. 131), "Riemann interpretou à sua maneira os conceitos de ponto, de reta e de plano; escolhendo a superfície de uma esfera como plano, os pontos como as posições, assim como os de Poincaré, usando coordenadas de latitude e longitude e as retas eram as geodésicas sobre a esfera".

Segundo Jordão (2010):

Um exemplo clássico do que a Geometria Esférica pode fazer é dado pelo deslocamento de um urso polar: Um urso polar caminharia 100 km para o sul, em seguida mais 100 km para o leste e depois mais 100 km para o norte. Geralmente fazemos a seguinte representação gráfica e imaginária do acontecido, como demonstrado na [Figura 4.15].

Figura 4.15 – Deslocamento de um urso polar na geometria esférica

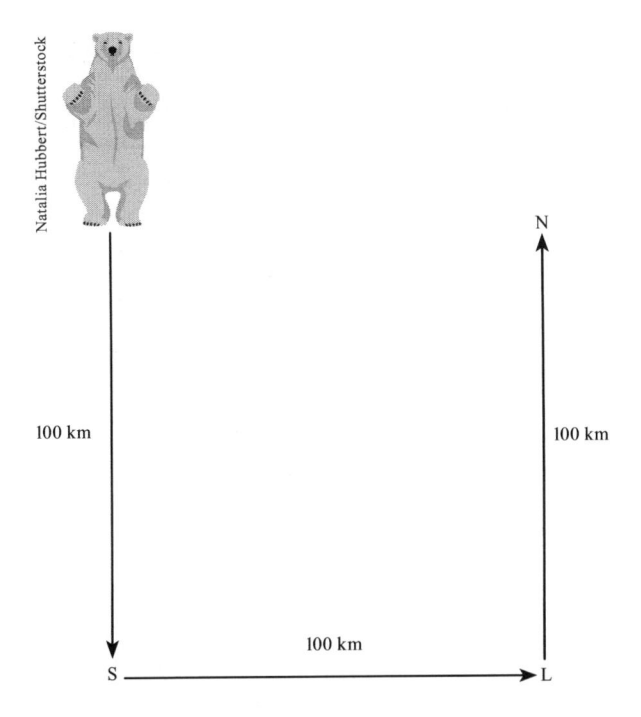

Fonte: Jordão, 2010.

Vamos, inicialmente, desconsiderar a geometria esférica da Terra. Do ponto de vista esférico, entretanto, o urso terminará seu deslocamento no mesmo ponto de onde partiu. Mas como isso é possível?

Sabemos que o planeta Terra não é plano, mas esférico. Logo, há um erro na superfície em que foi desenhada a trajetória do urso, ou seja, as linhas que aparentemente são retas, na realidade, são curvas. Apesar de ter caminhado do Norte ao Sul em uma linha e retornado do Sul ao Norte por outra linha que, além de reta, é paralela à primeira, o urso partiu e retornou em um mesmo ponto. Para você conseguir ver como isso aconteceu, observe a Figura 4.16, assumindo o papel de um observador geodésico de grandes proporções, como na Terra (Jordão, 2010).

Figura 4.16 – Planeta Terra e o triângulo geodésico

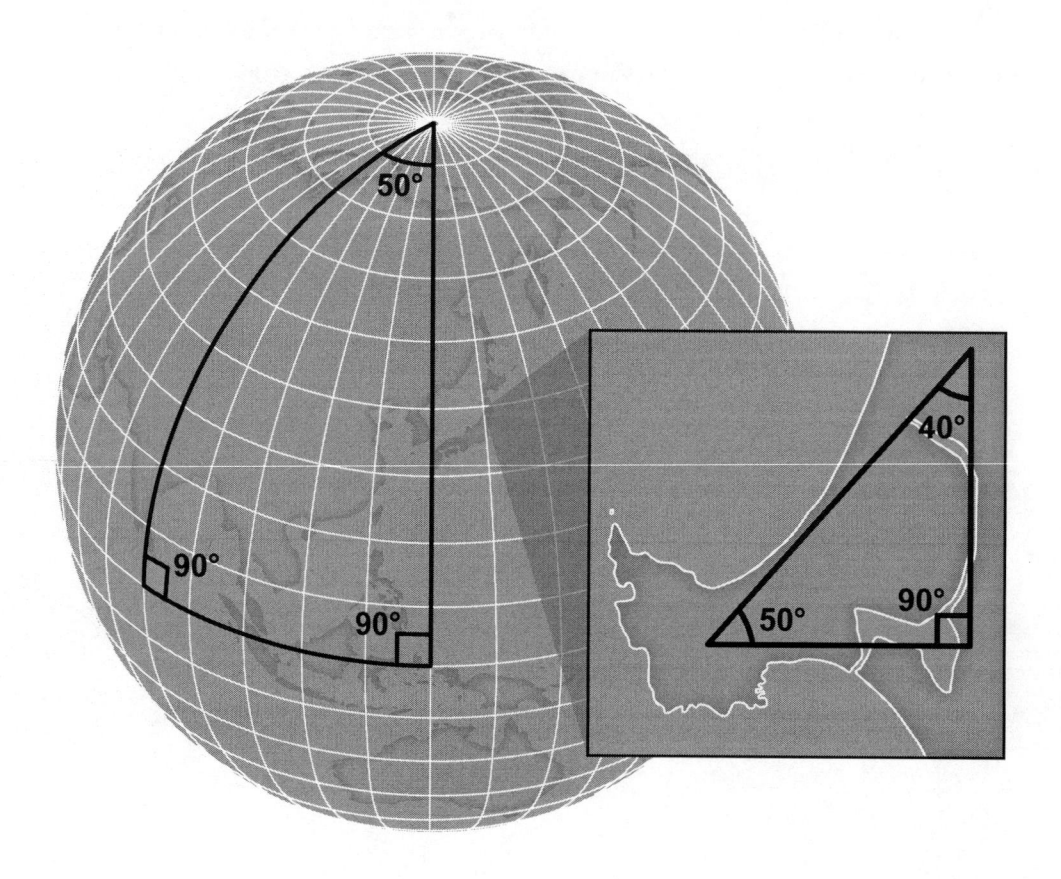

Fonte: Jordão, 2010.

Para melhorar a visualização desse caso, vamos destacar o caminho percorrido pelo urso; observe, em seguida, a Figura 4.17.

Figura 4.17 – Triângulo ABC sobre uma esfera de centro O e raio r, sendo o raio polar igual a 6.357 km

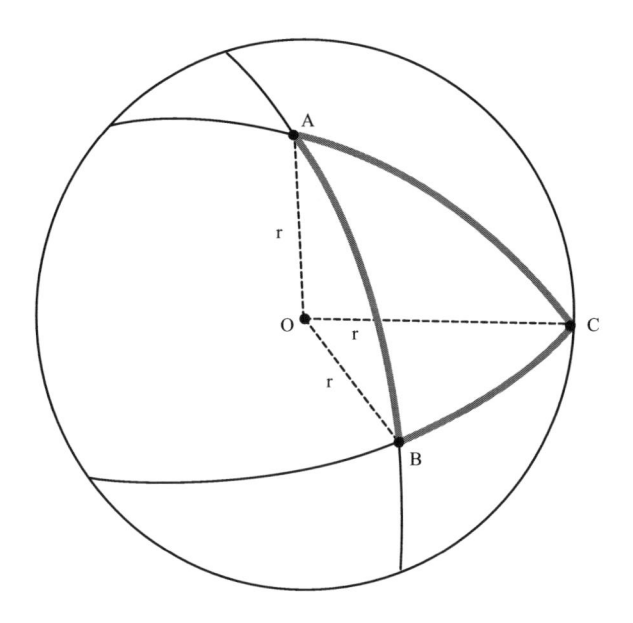

Na Figura 4.17, considere o vértice A do triângulo como o polo Norte, do qual o urso partiu. Os lados AB e AC do triângulo são caminhos trilhados sobre dois meridianos. Assim, você já pode perceber que a soma dos ângulos internos do triângulo é maior que 180°.

4.4.1 Postulado de Riemann

No Capítulo 2, ao estudarmos a geometria hiperbólica, definimos o seguinte axioma: Por um ponto exterior a uma reta podemos traçar uma infinidade de retas paralelas a essa reta (geometria de Lobachevsky).

Agora, na geometria esférica ou elíptica, o quinto postulado de Euclides será substituído pelo postulado de Riemann, que afirma: Quaisquer duas retas em um plano têm um ponto de encontro (geometria de Riemann).

Você se lembra da representação que fizemos do globo terrestre? Vamos representá-lo novamente, sendo ele uma superfície esférica em que as retas são as geodésicas ou os círculos máximos dessa superfície. Observe a Figura 4.18, a seguir.

Figura 4.18 – Ilustração do Postulado de Riemann

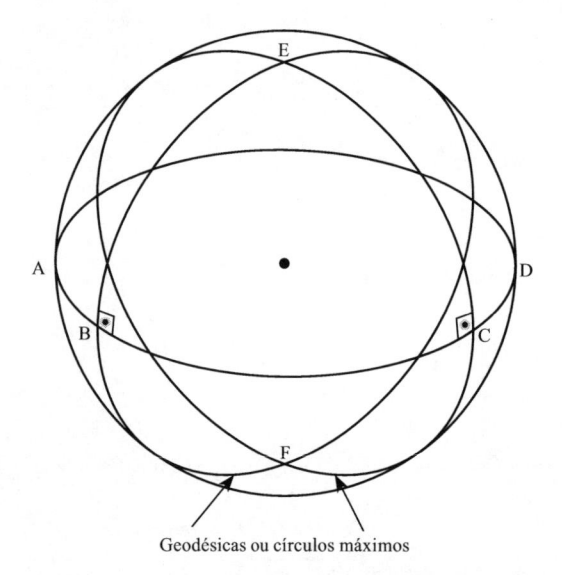

Geodésicas ou círculos máximos

Nela, os dois círculos máximos são perpendiculares ao Equador (representado pelo círculo ABCD). Portanto, as retas EBF e ECF são perpendiculares à reta ABCD e intersectam-se nos pontos E e F, que são as extremidades de um mesmo diâmetro da esfera.

A reta perpendicular às retas EBF e ECF é a reta polar, comum aos pontos E e F, que são os polos da reta ABCD, e a distância desses pontos a qualquer ponto da reta ABCD é constante. Note que duas retas secantes têm uma única reta perpendicular comum. Na Figura 4.18, as retas EBF e ECF têm em comum uma única reta perpendicular, a reta ABCD. Como a distância de qualquer reta até seu polo é uma constante e igual para todas as retas, concluímos que uma reta tem um comprimento finito, que é igual a quatro vezes a distância polar. Isso explica o significado de uma reta ilimitada.

Segundo Coutinho (2001, p. 74), "embora um círculo máximo na esfera, representando uma reta da Geometria Esférica ou Elíptica, tenha um comprimento finito, ele não pode ser enclausurado por uma curva na superfície. Não há como dar uma volta em torno de um círculo máximo sem interceptá-lo".

Na geometria esférica ou elíptica, a circunferência de um círculo é menor que π vezes seu diâmetro, já na geometria hiperbólica essa circunferência é maior que π vezes seu diâmetro. Resumidamente, conforme Garbi (2006), na geometria de Riemann:

a) é possível construir geometrias em que uma reta seja limitada;
b) as perpendiculares a uma reta passam por um só ponto;
c) as perpendiculares passam por dois pontos diametralmente opostos sobre uma esfera;
d) duas perpendiculares a uma mesma reta sempre se cruzam.

4.5 Circunferência máxima

Vamos considerar uma superfície esférica como a representada na Figura 4.19, a seguir.

Figura 4.19 – Circunferências máximas de uma superfície esférica

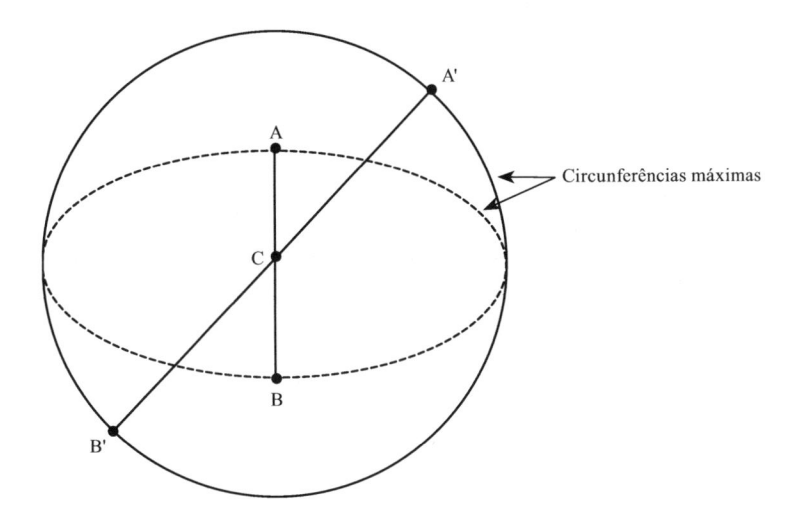

Na Figura 4.19, o centro da esfera é o ponto C; A e B são pontos diametralmente opostos, denominados *pontos antípodas*; o segmento de reta que une dois pontos antípodas, no caso $\overline{AB}$, é o diâmetro da superfície esférica. Lembre-se de que o diâmetro é igual a duas vezes o raio. Observe, ainda, que os pontos A' e B' são pontos antípodas também e, portanto, $\overline{A'B'}$ também é diâmetro da superfície esférica.

A circunferência máxima é aquela que tem o mesmo raio da superfície esférica.

4.5.1 Modelo de Klein para a geometria esférica ou elíptica

Conforme Arcari (2008, p. 46, grifo do original):

> No Modelo de Klein para a Geometria Elíptica, é considerado um disco de raio igual a 1 e as retas elípticas são arcos de circunferências [máximas] (ou diâmetros) unindo pontos diametralmente opostos no bordo do disco. Ao contrário do que ocorre nos modelos da Geometria Hiperbólica, os pontos do bordo **pertencem** ao "plano elíptico", no entanto, **pontos diametralmente opostos** [pontos antípodas] são vistos como sendo um **único ponto**.

Na Figura 4.19, A e B constituem um único ponto, assim como A' e B'.

4.5.2 Plano tangente a uma esfera

Notação
∈ – pertence.

Um plano β é tangente a uma esfera S se a interseção de β com S contém um único ponto, que denominamos *ponto de tangência*.

Proposição 4.1
Todo plano tangente a uma superfície esférica é perpendicular ao raio que contém o ponto de tangência.

Observe a Figura 4.20, a seguir, em que o raio $\overline{CT}$ é perpendicular ao plano β. Considere um ponto P ∈ β, distinto do ponto T, formando o triângulo CPT (um triângulo retângulo), em que a hipotenusa é o lado $\overline{CP}$ e o cateto $\overline{CT}$ é igual ao raio da esfera. Nesse contexto, como a hipotenusa é maior que o cateto, o ponto P é externo à esfera.

Figura 4.20 – Esfera S tangente ao plano β no ponto T

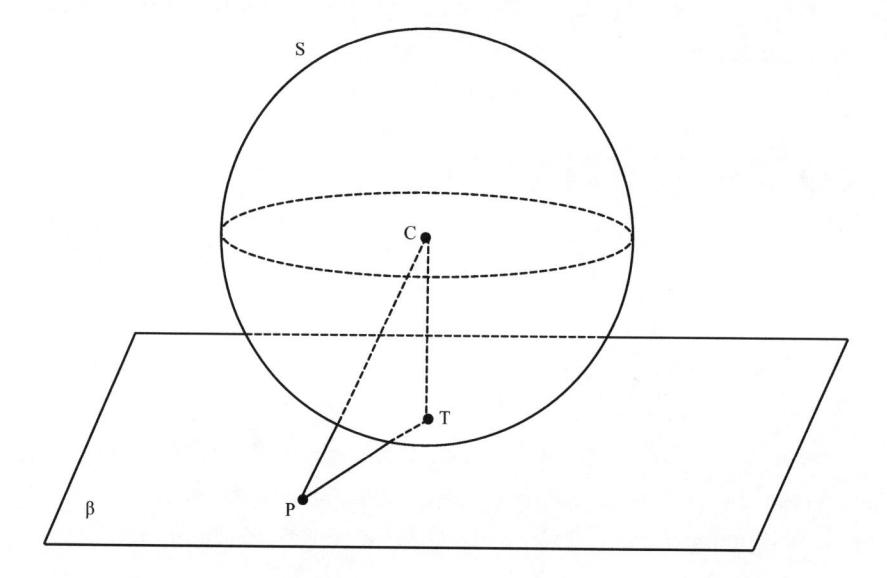

4.5.3 Interseção de um plano com uma esfera

Um plano β é secante a uma esfera S se a intersecção de β com S contém mais de um ponto. Portanto, há interseção entre o plano e a esfera.

A interseção de um plano com uma esfera determina um círculo que será máximo se o plano passar pelo centro da esfera. Caso contrário, o círculo que se forma é chamado de *círculo menor*. Observe a Figura 4.21, a seguir.

Proposição 4.2

Seja S uma esfera de raio r igual a 1 e centro C. Um círculo máximo é o círculo resultante da interseção de S com um plano β, de modo que $C \in β$.

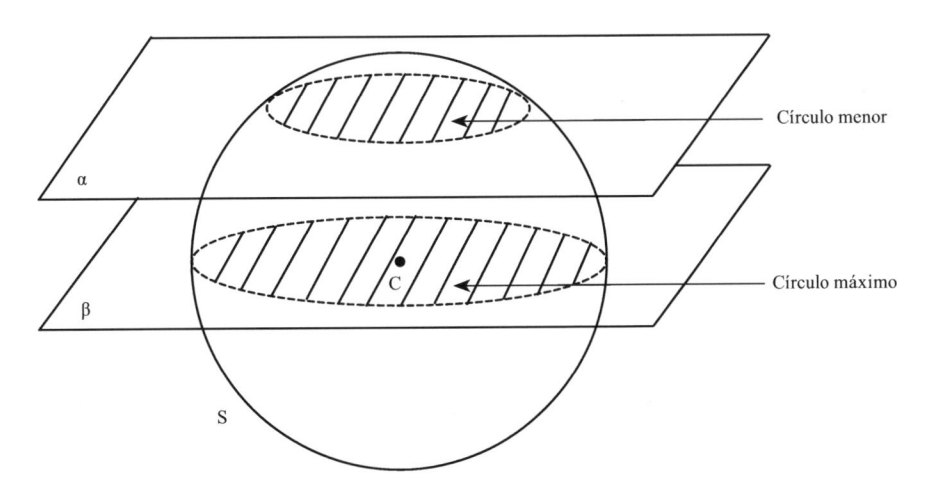

Figura 4.21 – Círculo máximo e círculo menor de uma esfera de centro C

Observe, portanto, que a interseção da superfície S com o plano β é um círculo de raio r.

4.5.4 Distância entre dois pontos na superfície esférica

Vamos supor uma esfera em que o centro é o ponto C e, sobre ela, estão os pontos A e B, conforme a Figura 4.22, a seguir. Nesse contexto, qual a distância entre esses pontos A e B? Já sabemos que essa distância é a menor porção do círculo máximo que contém esses pontos e que, quanto maior for o raio de uma circunferência, mais essa distância aproxima-se de uma reta. As circunferências de maior raio em uma esfera são as circunferências máximas, então, a distância entre dois pontos é o comprimento do menor arco $\overarc{AB}$ da circunferência máxima que passa por esses dois pontos.

Figura 4.22 – Determinação da distância entre dois pontos sobre uma esfera

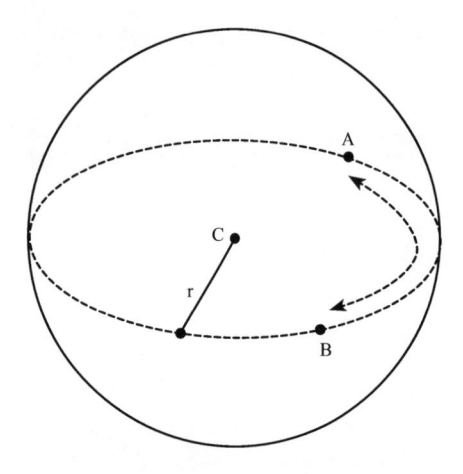

Para calcular o comprimento do arco $\overset{\frown}{AB}$, precisamos conhecer o valor do ângulo $A\hat{C}B$, pois o comprimento do arco é proporcional à medida do ângulo central correspondente. Portanto, sendo r o raio da circunferência máxima, temos:

$$360° \to 2\pi r$$
$$A\hat{C}B \to d(A, B)$$

$$d(A, B) = \frac{A\hat{C}B \cdot 2\pi r}{360°}$$

Observe que, dado qualquer par de pontos não antípodas na esfera, existe uma única circunferência máxima que os contém. Logo, a distância entre esses dois pontos é um arco de uma circunferência máxima.

4.5.5 Ângulo esférico

Já vimos que, na superfície esférica, as geodésicas são as "retas" e as circunferências máximas – aquelas que têm o mesmo diâmetro da esfera. Apesar de a Terra não ser uma esfera perfeita, podemos considerar a Linha do Equador como uma geodésica, assim como os meridianos, pois eles também são circunferências máximas que passam pelos polos.

Segundo Silva (2011, p. 63), "por qualquer ponto, em qualquer direção, passa sempre uma geodésica. Uma forma de ver isso é supor que o ponto dado é um polo e considerar o conjunto das infinitas circunferências com centro no centro da esfera, e que contenham este polo e o seu antípoda".

Considerando o exposto, é possível definir ângulo esférico como a união de dois arcos de circunferências máximas que se cruzam em um ponto, que é o vértice do ângulo. Sua medida é a mesma do ângulo plano formado pelas semirretas tangentes a esses arcos no ponto de interseção. Observe a Figura 4.23, a seguir.

Figura 4.23 – Ângulos esféricos

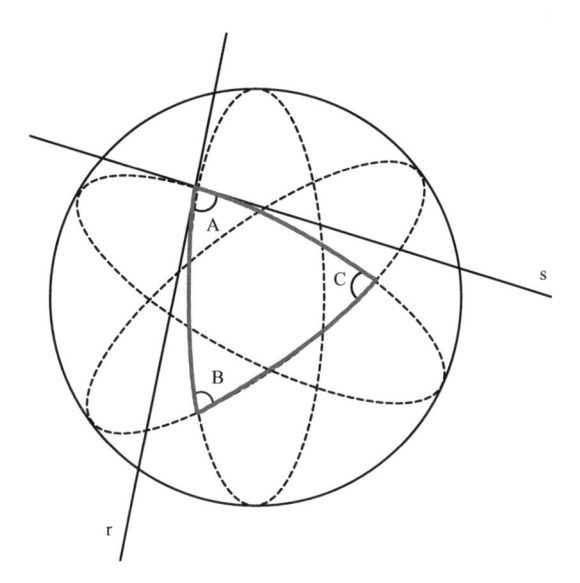

Nela, temos três ângulos esféricos: *A*, *B* e *C*. Para saber, por exemplo, a medida do ângulo A, devemos medir o ângulo formado entre as semirretas *r* e *s*, tangentes aos arcos no ponto de interseção.

4.5.6 Volume de uma esfera

Para calcular o volume de uma esfera, é necessário conhecer o tamanho de seu raio, ou seja, a distância de seu centro a qualquer ponto de sua extremidade (a circunferência). O volume (V) de uma esfera de raio igual a *r* é $V = \frac{4}{3}\pi r^3$.

Sabemos que o volume de um sólido obtido pela revolução de uma região sob o gráfico da função contínua, positiva, f : [a, b] → R, em torno do eixo *x*, é $V = \int_a^b \pi [f(x)]^2 dx$
Fazendo $f(x) = \sqrt{r^2 - x^2} \geq 0$ no intervalo [–r, r], temos:

$$V = \int_{-r}^{r} \pi \sqrt{r^2 - x^2}\, dx$$

$$V = \pi \int_{-r}^{r} \left(\sqrt{r^2 - x^2}\right) dx$$

$$V = \pi \left(r^2 x - \frac{x^3}{3}\right) \text{ no intervalo } [-r, r]$$

$$V = \pi \left(r^3 - \frac{r^3}{3} + r^3 - \frac{r^3}{3}\right)$$

$$V = 4\pi \frac{r^3}{3}$$

Como exemplo, vamos calcular quantos m³ de gás cabem em um reservatório esférico cujo diâmetro é igual a 6 metros:

Como o raio é a metade do diâmetro, r = 3 metros.

Como o volume é calculado pela fórmula $V = 4\pi \dfrac{r^3}{3}$, temos:

$$V = 4\pi \dfrac{3^3}{3}$$

Com $\pi = 3{,}1416$, o volume será:

V = 4 · 3,1416 · 9
V = 21,5664 m³

Logo, cabem 21,5664 m³ de gás no reservatório esférico.

4.5.7 Área de uma superfície esférica

Quando nos referimos a uma superfície esférica, falamos da "casca" da esfera.

A área (A) de uma superfície esférica é expressa em função de seu raio. Assim, uma superfície esférica com raio igual a *r* tem a área expressa por $A = 4\pi r^2$.

Como cada uma das metades de uma esfera determinada por um plano que passa por seu centro é denominada *hemisfério*, a área A_h de um hemisfério é expressa por $A_h = 2\pi r^2$.

Como exemplo, vamos determinar a área de uma superfície esférica com raio igual a 0,5 m:

Como a área da superfície esférica é calculada pela fórmula $A = 4\pi r^2$, temos:

$$A = 4\pi \, 0{,}5^2$$

Com $\pi = 3{,}1416$, a área será:

A = 4 · 3,1416 · 0,25
A = 3,1416 m²

4.6 Triângulo esférico

Considerando três pontos *A*, *B* e *C* distintos sobre uma superfície esférica, sendo esses pontos não pertencentes a uma mesma circunferência máxima, se os unirmos dois a dois, obteremos três arcos de circunferências máximas. Um triângulo esférico é uma superfície limitada formada por esses três arcos, sendo eles três geodésicas menores que uma semicircunferência máxima. Na Figura 4.23, apresentada anteriormente, os pontos *A*, *B* e *C* são os vértices do triângulo esférico ABC.

Vamos, agora, analisar os lados e os ângulos de um triângulo esférico. Observe a Figura 4.24, a seguir.

Figura 4.24 – Triângulo esférico

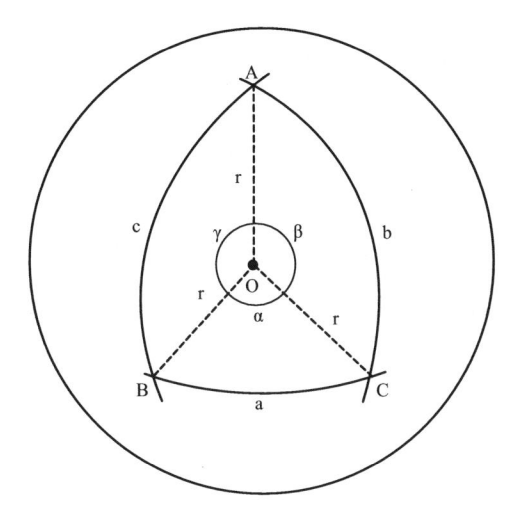

Fonte: Coutinho, 2001, p. 84.

Nela, temos um triângulo esférico ou elíptico ABC, com centro O. O lado oposto ao vértice A vamos chamar de lado a; o lado oposto ao vértice B vamos chamar de lado b; e o lado oposto ao vértice C vamos chamar de lado c. Os ângulos esféricos do triângulo ABC vamos representar por α, β, γ. Os lados de um triângulo esférico ou elíptico subentendem ângulos com vértices no centro da esfera, logo, podem ser medidos em graus ou em radianos. Em outras palavras, os lados de um triângulo esférico são medidos pelos ângulos planos das faces do diedro, então: $B\widehat{A}C = a$, $A\widehat{B}C = b$, $B\widehat{C}A = c$.

Proposição 4.3

Cada lado de um triângulo esférico ou elíptico é menor que a soma dos outros dois lados, e cada lado é maior que a diferença dos outros dois lados.

....

Para a demonstração, vamos considerar a Figura 4.25, a seguir. Vimos que o arco de comprimento a é igual ao ângulo α, o arco de comprimento b é igual ao ângulo β e o arco de comprimento c é igual ao ângulo γ, todos em radianos. Caso os três lados sejam iguais, logicamente, a Proposição 4.3 será verdadeira.

Mas e se o lado *a* for o maior dos três lados? Na Figura 4.25, a seguir, marcamos sobre OA um ponto *X* e sobre OB um ponto *Y*, unimos os pontos *X* e *Y* e, sobre XY, marcamos um ponto *P*, de modo que $X\hat{O}P = A\hat{O}C$. Depois, marcamos sobre OC um ponto Z, de maneira que OZ = OP. Finalmente, unimos os pontos *X*, *Y* e *Z*, formando um novo triângulo XYZ. Observe que os triângulos XOZ e XOP são congruentes, pois XP = XZ (caso LAL: lado-ângulo-lado).

Figura 4.25 – Tamanho dos lados de um triângulo esférico

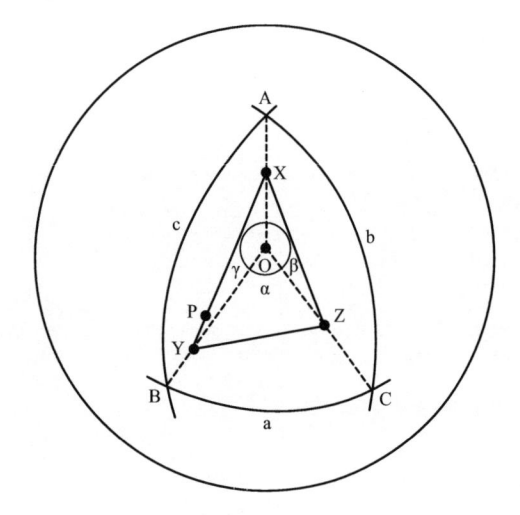

Fonte: Coutinho, 2001, p. 84.

Sabemos que XZ + ZY > XY. Logo, XZ + ZY > XP + PY. Como XP = XZ, temos ZY > PY, e como ZY > PY, temos $Z\hat{O}Y > P\hat{O}Y$. Assim, $X\hat{O}Z + Z\hat{O}Y > X\hat{O}P + P\hat{O}Y = X\hat{O}Y$, o que nos possibilita concluir que a < b + c, conforme queríamos demonstrar.

Assim como na Geometria Euclidiana, os triângulos esféricos ou elípticos apresentam três alturas, três medianas e três bissetrizes. Segundo Coutinho (2001), os triângulos esféricos ou elípticos podem ter os três ângulos retos ou os três lados medindo cada um 90°, sendo classificados:

a) quanto aos ângulos

- retângulo – um ângulo reto;
- birretângulo – dois ângulos retos;
- trirretângulo – três ângulos retos.

b) quanto aos lados

- retilátero – um lado medindo 90°;
- birretilátero – dois lados medindo 90° cada um;
- trirretilátero – três lados medindo 90° cada um.

Perceba que, se um triângulo esférico ou elíptico for trirretângulo, também será trirretilátero, ou seja, ocupará a oitava parte da superfície esférica associada. Observe a Figura 4.26, a seguir.

Figura 4.26 – Triângulo esférico ou elíptico trirretângulo e trirretilátero

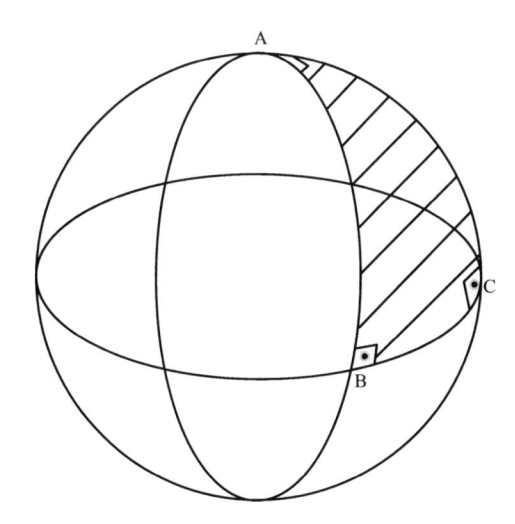

Proposição 4.4

Sejam α, β, γ os ângulos internos de um triângulo esférico ABC, medidos em radianos. Então, $\alpha + \beta + \gamma = \pi + \dfrac{a}{r^2}$, em que a é a área do triângulo ABC e r é o raio da superfície esférica que o contém (teorema de Girard).

Sabemos que um fuso esférico é a região compreendida entre dois meridianos, como na Figura 4.27, a seguir.

Figura 4.27 – Fuso esférico ou biângulo esférico

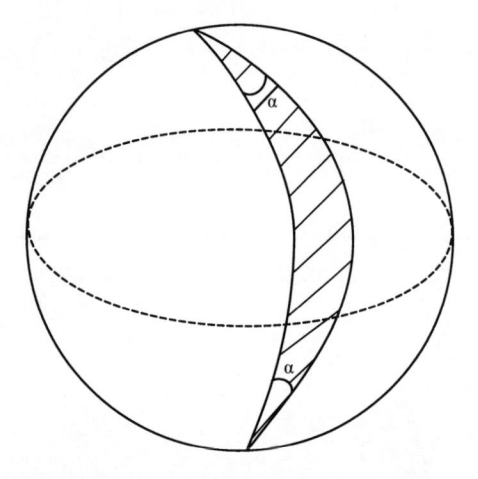

Sabemos que a área de um fuso esférico (Af), em que r é o raio da superfície esférica e α é o ângulo do fuso, é expressa por $Af = 2\alpha r^2$.

Para a demonstração, verifique que a área do fuso esférico está para a área da superfície esférica, assim como o ângulo α do fuso está para 2π. Então, temos:

$$\frac{Af}{4\pi r^2} = \frac{\alpha}{2\pi}$$

$$Af = 2\alpha r^2$$

Agora, observe a Figura 4.28, a seguir.

Figura 4.28 – Triângulo esférico com ângulos internos α, β, γ

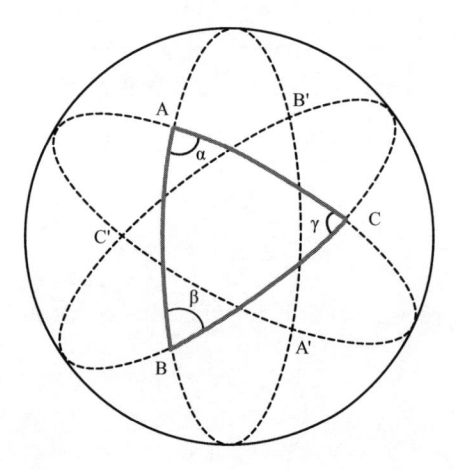

Vamos considerar o triângulo esférico ABC. Se prolongarmos os três lados desse triângulo nos dois sentidos, vamos obter os pontos A', B' e C', antípodas dos vértices do triângulo ABC, que formarão o triângulo A'B'C'. Observe que a área do triângulo ABC é igual à área do triângulo A'B'C', uma vez que eles são congruentes. Então, é possível cobrir a superfície esférica com seis fusos esféricos, sendo que três deles contêm o triângulo ABC e os outros três contêm o triângulo A'B'C'. As áreas dos seis fusos são iguais, sendo a soma delas igual a $4\alpha r^2 + 4\beta r^2 + 4\gamma r^2$.

Essa soma vale a área da superfície esférica (igual a $4\pi r^2$) mais duas vezes a área do triângulo esférico ABC (área de cada triângulo = a), mais duas vezes a área do triângulo esférico A'B'C' (área de cada triângulo = a). Logo, temos:

$$4\alpha r^2 + 4\beta r^2 + 4\gamma r^2 = 4\pi r^2 + 4a$$

$$4r^2(\alpha + \beta + \gamma) = 4r^2\left(\pi + \frac{a}{r^2}\right)$$

$$\alpha + \beta + \gamma = \pi + \frac{a}{r^2}, \text{ como queríamos demonstrar.}$$

Assim, é possível deduzir que, quanto menor for a área do triângulo esférico em relação à superfície esférica que o contém, mais próxima de π será a soma de seus ângulos internos, pois $\lim_{a \to 0}\left(\frac{a}{r^2}\right) = 0$.

Perceba, ainda, que cada triângulo ABC ocupa $\frac{1}{8}$ da superfície esférica. Então, a soma de seus ângulos internos é $\alpha + \beta + \gamma = \pi + \frac{a}{r^2}$.

Como a área de uma superfície esférica é expressa por $4\pi r^2$, $\frac{1}{8}$ dessa área é $\frac{(4\pi r^2)}{8} = \frac{(\pi r^2)}{2}$, ou seja, cada triângulo ocupa uma área igual a $\frac{(\pi r^2)}{2}$.

Logo, se $a = \frac{\pi r^2}{2}$, temos:

$$\alpha + \beta + \gamma = \pi + \frac{\left(\frac{\pi r^2}{2}\right)}{r^2}$$

$$\alpha + \beta + \gamma = \frac{3\pi}{2} \text{ (ou seja, 270°).}$$

Quando os três ângulos do triângulo esférico são iguais a 90°, ele é chamado de *trirretângulo*, conforme já mencionado, e ocupa $\frac{1}{8}$ da superfície esférica. Veja a Figura 4.29, a seguir.

Figura 4.29 – Triângulo trirretângulo

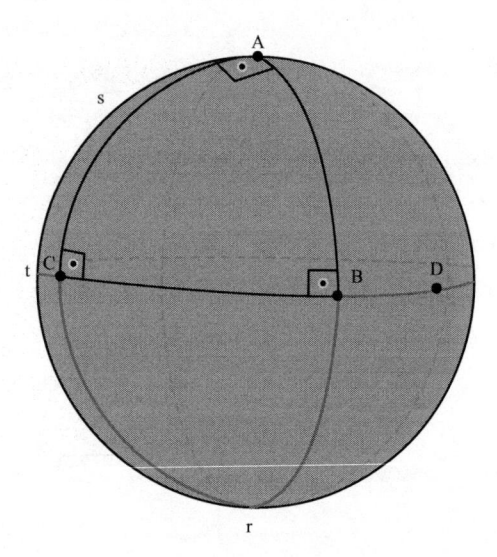

Proposição 4.5

A soma dos ângulos internos de um triângulo esférico ou elíptico é sempre maior que π e menor que 3π radianos.

Vamos supor um triângulo esférico cujos ângulos internos sejam α, β, γ. Pela Proposição 4.4, vimos que $\alpha + \beta + \gamma = \pi + \dfrac{a}{r^2}$. Portanto, a soma dos ângulos internos de um triângulo é sempre maior que π (ou seja, maior que 180°).

Agora, vamos supor um triângulo esférico com os três vértices equidistantes e próximos ao Equador. Com isso, a área do triângulo esférico tende a ser igual à área do hemisfério, ou seja, $2\pi r^2$.

Então:

$$\alpha + \beta + \gamma = \pi + \left(\frac{2\pi r^2}{r^2} \right)$$

$\alpha + \beta + \gamma = 3\pi$ (ou seja, 540°).

Esse valor é uma tendência, ou seja, jamais se chega a ele, pois, se todo ângulo interno de um triângulo esférico é menor que π, então, $\alpha + \beta + \gamma < \pi + \pi + \pi$.

Para o caso de $\alpha + \beta + \gamma = 3\pi$, temos um triângulo denominado *degenerado*, com todos os vértices pertencentes à mesma circunferência máxima. Portanto, quanto maior a área, maior será a soma dos ângulos internos de um triângulo esférico.

Observe a Figura 4.30, a seguir.

Figura 4.30 – Triângulo esférico degenerado com soma dos ângulos internos igual a 540°

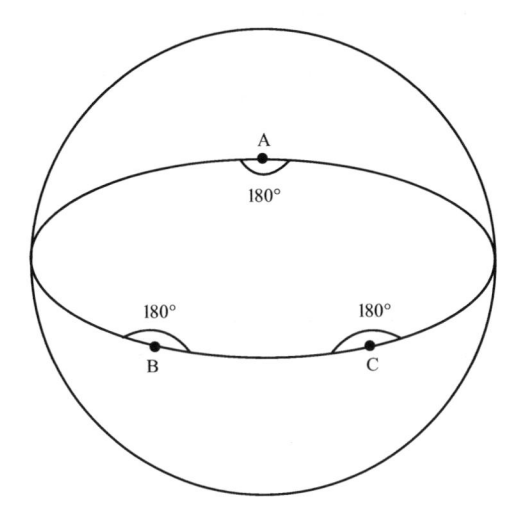

Mas nossa análise não para por aí. Poderíamos construir um triângulo esférico com dois ângulos retos (vértices B e C), seus respectivos vértices pertencentes à circunferência máxima e o terceiro vértice fazendo um ângulo de 180°, triângulo este que também é denominado *degenerado*, tendo a soma de seus ângulos internos igual a 360°. Observe a Figura 4.31, a seguir.

Figura 4.31 – Triângulo esférico degenerado com soma dos ângulos internos igual a 360° (90° em B e em C)

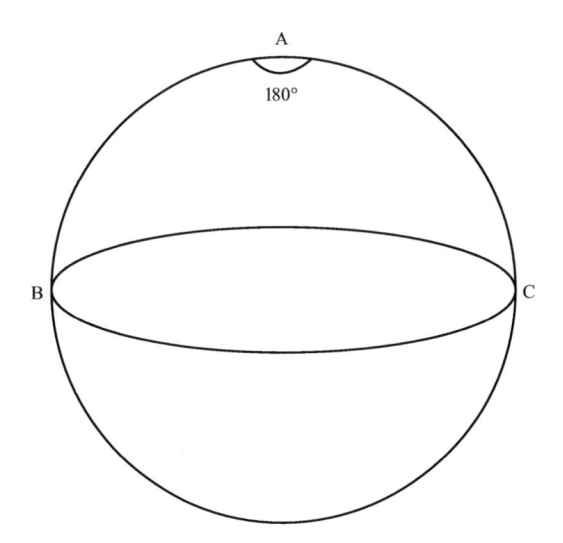

Os triângulos esféricos apresentam as seguintes propriedades:

a) A soma dos ângulos internos de um triângulo esférico é sempre maior que 180° e menor que 540°, ou seja, 180° < α + β + γ < 540°. Confira novamente a Proposição 4.5;

b) A soma dos lados de um triângulo esférico é sempre menor que 360°, ou seja, a + b + c < 360°;

c) O lado maior sempre é o oposto ao ângulo maior;

d) Os lados iguais opõem-se a ângulos iguais;

e) Um lado é sempre menor que a soma dos outros dois lados, isto é, a < b + c; b < a + c; c < a + b. Confira novamente a Proposição 4.3;

f) Um lado é sempre maior que a diferença dos outros dois lados, ou seja, a > b − c; b > c − a; c > a − b. Confira mais uma vez a Proposição 4.3;

g) A soma de um ângulo a 180° é sempre maior que a soma dos outros dois ângulos, isto é, A + 180° > B + C; B + 180° > A + C; C + 180° > A + B;

h) Se um triângulo esférico é trirretângulo, ele também é trirretilátero e vice-versa, ou seja, A = B = C = 90° → a = b = c = 90°. Observe novamente a Figura 4.28.

4.6.1 Área de um triângulo esférico

Pela Proposição 4.4, vimos que $\alpha + \beta + \gamma = \pi + \dfrac{a}{r^2}$. Como a área do triângulo é representada na fórmula por *a*, temos a = $(\alpha + \beta + \gamma - \pi) \cdot r^2$, o que nos possibilita deduzir que, se dois triângulos esféricos quaisquer – ABC e A'B'C', por exemplo – tiverem seus ângulos iguais, em uma superfície esférica, eles terão também áreas iguais, o que não ocorre na Geometria Euclidiana.

4.7 Quadriláteros em uma superfície esférica

No Capítulo 3, estudamos os quadriláteros de Saccheri e de Lambert na geometria hiperbólica. Agora, vamos estudá-los na geometria elíptica.

Na superfície esférica ou elíptica, o quadrilátero de Saccheri apresenta os ângulos do topo ($\widehat{C}$ e $\widehat{D}$) congruentes e obtusos. Os ângulos do lado base ($\widehat{A}$ e $\widehat{B}$) são retos. Observe a Figura 4.32, a seguir.

Figura 4.32 – Quadrilátero de Saccheri na superfície esférica ou elíptica

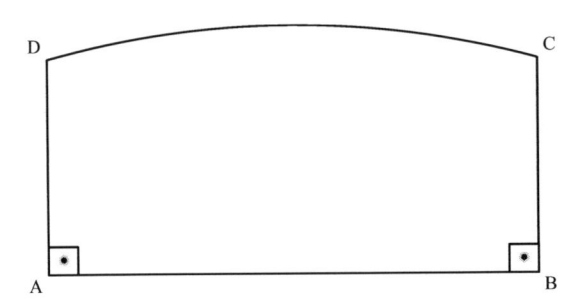

Proposição 4.6

O segmento que liga o ponto médio da base e o ponto médio do topo de um quadrilátero de Saccheri é perpendicular a ambos.

Vamos, então, traçar um segmento EF unindo os pontos médios dos lados AB e CD, conforme a Figura 4.33, a seguir.

Figura 4.33 – Demonstração da Proposição 4.6

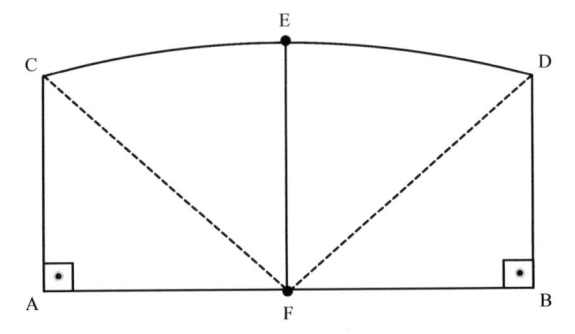

Notação

≡ – congruente a.

Agora, vamos ligar os pontos C e D ao ponto F para obter dois triângulos congruentes: ACF e BDF. Assim, ACF ≡ BDF, pois temos dois ângulos iguais ($\widehat{A}$ e $\widehat{D}$), o lado AF igual ao lado FB (pois o ponto F é o ponto médio do lado AB) e, também, o lado AC igual ao lado BD (AC ≡ BD, por construção). Por consequência, os lados CF e FD são também congruentes. Como o ponto F é o ponto médio do lado AB, o segmento EF é a mediatriz do lado CD e, portanto, perpendicular a ele.

Por outro lado, além da congruência dos triângulos ACF e BDF, temos a congruência dos triângulos CEF e DEF, pois os três lados são iguais. Em outras palavras, EF é um lado comum aos dois triângulos, e o lado CE é igual ao ED, pois o ponto E é o ponto médio do lado CD e, por consequência, os lados CF e FD são iguais. Logo, os ângulos $C\widehat{F}E$ e $D\widehat{F}E$ são congruentes, bem como os ângulos $A\widehat{F}C$ e $B\widehat{F}D$, o que prova que EF é perpendicular à base AB.

Proposição 4.7

Os ângulos do topo do quadrilátero de Saccheri são congruentes e obtusos.

Vamos traçar um segmento EF unindo os pontos médios dos lados AB e CD, conforme a Figura 4.34, a seguir.

Figura 4.34 – Demonstração da Proposição 4.7

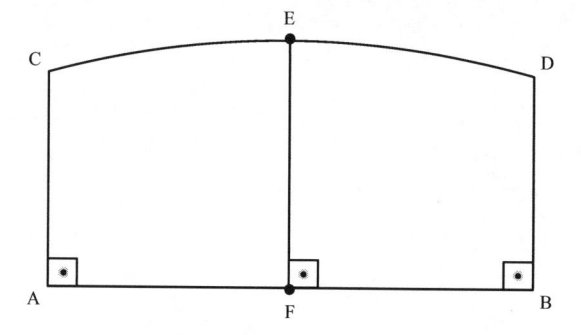

A circunferência máxima que contém o arco $\overset{\frown}{CD}$ tem a concavidade voltada para a base do quadrilátero. Portanto, os ângulos $\widehat{C}$ e $\widehat{D}$ são obtusos e congruentes, pois, por construção, AC ≡ BD.

Ainda, é possível demonstrar que os ângulos $\widehat{C}$ e $\widehat{D}$ são obtusos, provando que seus complementos são ângulos agudos. Para isso, vamos analisar a Figura 4.35, a seguir.

Figura 4.35 – Demonstração de que os ângulos do topo do quadrilátero são obtusos

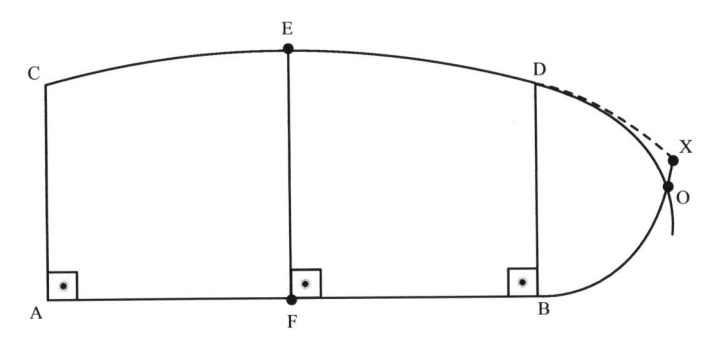

Fonte: Coutinho, 2001, p. 77.

O ponto X é o polo de BD e está situado em BO. Assim, BX > BO, mas se X é o polo de BD, então DX é perpendicular a BD, ou seja, $B\widehat{D}X = 90°$, logo, $B\widehat{D}O < 90°$. Se $B\widehat{D}O < 90°$, o ângulo adjacente $B\widehat{D}E$ é obtuso, porque a soma dos dois é igual a 180°.

Na superfície esférica ou elíptica, o quadrilátero de Lambert conta com três ângulos internos retos e um obtuso. Os lados do quadrilátero adjacentes ao ângulo obtuso são maiores que seus correspondentes opostos, conforme pode ser visto na Figura 4.36, a seguir. Observe que, no quadrilátero ABCD, $\widehat{A} \equiv \widehat{B} \equiv \widehat{C} = 90°$.

Figura 4.36 – Quadrilátero de Lambert na superfície esférica ou elíptica

Mas como construir o quadrilátero de Lambert na geometria elíptica? Ele pode ser construído a partir do ponto médio da base e do topo de um quadrilátero de Saccheri por ser perpendicular tanto à base quanto ao topo (confira o segmento EF da Figura 4.35). Logo, um quadrilátero de Lambert é a metade de um quadrilátero de Saccheri. Observe a Figura 4.37 e a Proposição 4.8, a seguir.

Figura 4.37 – Quadrilátero de Lambert

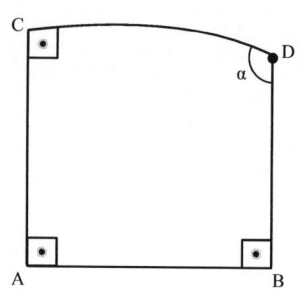

Observe que, no quadrilátero ABCD, $\widehat{A} \equiv \widehat{B} \equiv \widehat{C} = 90°$.

Proposição 4.8

O ângulo interno não conhecido de um quadrilátero de Lambert é maior que 90°.

Como o quadrilátero de Saccheri, ao ser dividido ao meio, resulta em dois quadriláteros de Lambert, o ângulo $\widehat{D}$ é obtuso. Pelo que vimos até o momento, já é possível deduzir que a soma dos ângulos internos de um quadrilátero elíptico sempre será maior que 360°.

Proposição 4.9

Em uma superfície elíptica, a soma dos ângulos internos de um triângulo retângulo é maior que 180°.

Vamos analisar o triângulo retângulo ABC da Figura 4.38, a seguir.

Figura 4.38 – Triângulo retângulo ordinário ABC

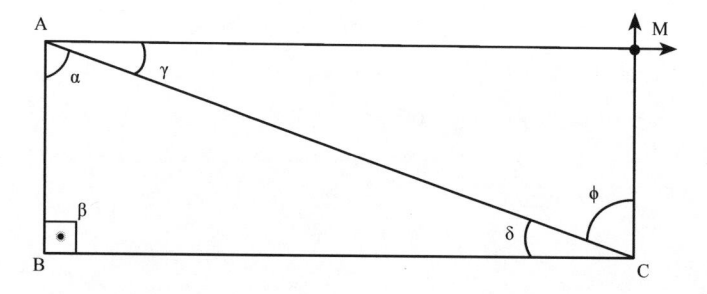

Sabemos que o ângulo β mede 90° e desejamos saber o valor da soma dos ângulos α + β + δ. Para isso, vamos traçar uma perpendicular ao lado BC a partir do vértice C (reta CM) e uma perpendicular ao lado AB a partir do vértice *A* (reta AM), formando os ângulos γ e ϕ, que são congruentes aos ângulos δ e α, respectivamente. Observe que o triângulo ABC é congruente ao triângulo CMA (caso ALA: ângulo-lado-ângulo), ou seja, α ≡ ϕ, δ ≡ γ; e AC é um lado comum aos dois triângulos, o que é um absurdo, pois não existe retângulo na geometria elíptica. Logo, α + β + δ > 180°.

Proposição 4.10

Em uma superfície elíptica, a soma dos ângulos internos de qualquer triângulo é sempre maior que 180°.

Vamos analisar o triângulo ABC da Figura 4.39, a seguir.

Figura 4.39 – Triângulo qualquer, em uma superfície elíptica, dividido em dois triângulos retângulos

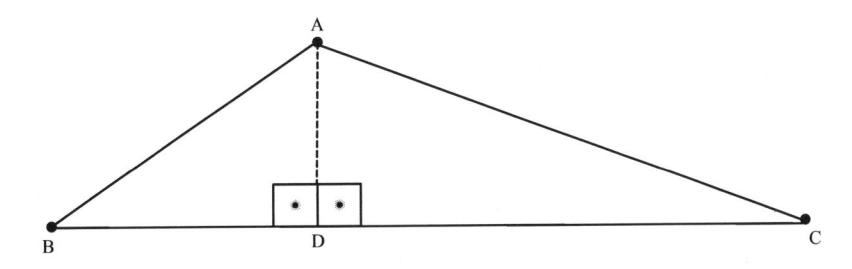

Na Figura 4.39, temos o triângulo ABC. A partir do vértice *A*, vamos traçar uma perpendicular ao lado BC, encontrando o ponto *D*, e teremos, então, dois triângulos retângulos: ABD e ACD. Como qualquer triângulo pode ser dividido em dois triângulos retângulos e como a soma dos ângulos internos de um triângulo retângulo é sempre maior que 180° (como vimos na Proposição 4.9), a soma dos ângulos dos dois triângulos retângulos será maior que 360°. Logo, a soma dos ângulos do triângulo ABC é maior que 180°.

Proposição 4.11

Em uma superfície elíptica, a soma dos ângulos internos de qualquer quadrilátero é sempre maior que 360°.

Observe a Figura 4.40, a seguir.

Figura 4.40 – Quadrilátero qualquer em uma superfície elíptica

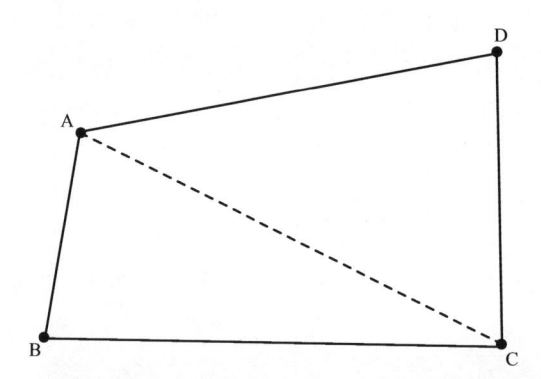

Temos o quadrilátero qualquer ABCD. Vamos unir os vértices A e C, construindo dois triângulos quaisquer: ABC e CDA. Na Proposição 4.10, vimos que a soma dos ângulos internos de um triângulo qualquer é maior que 180º. Logo, a soma dos ângulos internos dos dois triângulos, e consequentemente a do quadrilátero, é maior que 360º.

No entanto, não podemos nos limitar ao triângulo e ao quadrilátero, porque podemos considerar, ainda, um polígono esférico, que é uma região limitada por um número finito de arcos de círculos máximos, de maneira que os arcos formam uma curva fechada em S, a qual divide S em exatamente duas regiões. Um polígono esférico P, por exemplo, é convexo se quaisquer dois pontos de P puderem ser ligados por um arco (de um círculo máximo) que está inteiramente contido em P. A fórmula para calcular a área de um triângulo estende-se para o cálculo da área de um polígono esférico. Nesse sentido, confira as proposições a seguir.

Proposição 4.12

Seja P um polígono de n lados em uma esfera (com cada um de seus lados sendo um arco de um círculo máximo) e $\theta_1, ..., \theta_n$ os ângulos interiores desse polígono, a área – $\mu(P)$ – do polígono será dada por $\mu(P) = \theta_1 + ... + \theta_n - (n-2)\pi$.

Vamos fazer a demonstração no caso de um polígono convexo P na esfera. Seja $x \in P$ algum ponto que é ligado a cada vértice v_j por um arco de um círculo máximo, com esses arcos não se interceptando (exceto em x) e estando em P. Então, esses arcos dividem P em n triângulos. Na Proposição 4.4, vimos que a área de um triângulo é representada por a. Assim, a área do polígono é representada por:

$$\mu(P) = (\alpha_1 + \beta_1 + \gamma_1) - \pi + (\alpha_2 + \beta_2 + \gamma_2) - \pi + \ldots + (\alpha_n + \beta_n + \gamma_n) - \pi =$$

$$\sum_{i=1}^{n}(\beta_i + \alpha_i) + \sum_{i=1}^{n}\gamma_i - n\pi = \theta_1 + \ldots + \theta_n + 2\pi - n\pi \Rightarrow \mu(P) = \theta_1 + \ldots + \theta_n - (n-2)\pi$$

Exercícios resolvidos

1) Vamos desprezar o fato de a Terra não ser uma esfera perfeita, e sim um geoide, e considerá-la uma esfera, ou seja, uma volta completa correspondente a 360°. Sabemos que o raio da Terra é de 6.370 quilômetros. Nesse contexto, qual a distância percorrida por um navio que se move 3° de circunferência máxima?

A solução consiste em determinar o comprimento de um arco de circunferência máxima sobre a superfície da Terra. Tal arco corresponde a um ângulo central de 3°. Chamando o arco de $\widehat{AB}$, temos a relação:

$$\frac{\widehat{AB}}{2\pi r} = \frac{3°}{360°}$$

Então:

$$\widehat{AB} = \frac{2\pi r \cdot 3°}{360°}$$

$$\widehat{AB} = \frac{2\pi \cdot 3 \cdot 6370}{360}$$

$$\widehat{AB} = 333{,}532 \text{ km}$$

2) Considere um triângulo esférico ABC desenhado sobre uma superfície esférica de raio 20 cm. Suponha que esse triângulo tenha os seguintes ângulos internos: $\alpha = 120°$, $\beta = 90°$ e $\gamma = 45°$. Determine, por fim, a área desse triângulo.

Sabemos que $\alpha + \beta + \gamma = \pi + \dfrac{a}{r^2}$

Em radianos, os ângulos são: $\alpha = \dfrac{2\pi}{3}$, $\beta = \dfrac{\pi}{2}$, $\gamma = \dfrac{\pi}{4} + \dfrac{a}{20^2}$

Então:

$$\frac{2\pi}{3} + \frac{\pi}{2} + \frac{\pi}{4} = \pi + \frac{a}{400}$$

$$\frac{17\pi}{12} = \pi + \frac{a}{400}$$

$$\frac{a}{400} = \frac{17\pi}{12} - \pi$$

$$\frac{a}{400} = \frac{5\pi}{12}$$

$$a = \frac{2000\pi}{12}$$

$$a = 523{,}60 \text{ cm}^2$$

3) "As cidades de Curitiba e Goiânia estão sobre o mesmo meridiano (49° W) e suas latitudes são 26° S e 17° S, respectivamente" (Alves, 2009, p. 72). Determine a distância entre essas cidades.

A latitude de Goiânia é 17° S, ou seja, $\varphi = -17°$. A latitude de Curitiba é 26° S, ou seja, $\varphi = -26°$.

Então, $\Delta\varphi = 9°$.

Logo, a distância entre Curitiba e Goiânia é $9 \cdot (111{,}177)$ km $= 1000{,}53$ km ≈ 1000 km.

Síntese

Neste capítulo, revisamos circunferência e elipse para, posteriormente, estudarmos a geometria esférica ou elíptica. Vimos que a adoção de uma forma geométrica para o planeta Terra depende dos fins práticos a que se propõe e que, para Gauss, o geoide seria a melhor definição geométrica da Terra. Além disso, aprendemos que a geodésica é o caminho mais curto entre dois pontos em um espaço tridimensional, ou seja, é o comprimento do menor arco de circunferência máxima que passa por dois pontos.

Demos atenção especial ao postulado de Riemann e conferimos que na geometria desse matemático: (a) é possível construir geometrias em que uma reta seja limitada; (b) as perpendiculares a uma reta passam por um só ponto; (c) sobre uma esfera as perpendiculares passam por dois pontos diametralmente opostos; e (d) duas perpendiculares a uma mesma reta sempre se cruzam.

Estudamos, ainda, que a soma dos ângulos internos de um triângulo, na geometria esférica ou elíptica, é sempre maior que 180°, podendo chegar a 540°. Aprendemos a calcular a distância entre pontos na superfície esférica e a determinar a medida de um ângulo esférico. Na sequência, aprendemos a calcular o volume de uma esfera e a área de uma superfície esférica. Finalmente, verificamos como calcular a área de um triângulo esférico e de quadriláteros em uma superfície esférica.

Atividades de aprendizagem

1) Vamos desprezar o fato de a Terra não ser uma esfera perfeita, e sim um geoide. Vamos considerar que a terra seja uma esfera, ou seja, uma volta completa correspondente a 360°. Sabemos que o raio da Terra é de 6.370 quilômetros. Nesse contexto, qual a distância percorrida por um navio que se move 4°30' de circunferência máxima?

2) Considere um triângulo esférico ABC desenhado em uma superfície esférica cujo raio é de 1 metro. Suponha que esse triângulo tenha os seguintes ângulos internos: $\alpha = 90°$, $\beta = 135°$ e $\gamma = 45°$. Determine, por fim, a área do triângulo.

3) As cidades de São Paulo/SP e Lagoa Formosa/MG estão localizadas sobre o mesmo meridiano (46° W) e suas latitudes são respectivamente 23°32' S e 18°46' S. Qual a distância entre essas duas cidades?

4) Qual é o comprimento do Equador, supondo que o raio da Terra meça 6.370 km? Considere $\pi = 3,14159$.

5) Qual é o volume de um recipiente esférico, em litros, cujo diâmetro é de 6 metros? Considere $\pi = 3,14159$.

6) Dados os ângulos dos triângulos a seguir, verifique qual(quais) é(são) esférico(s).

    I. $\alpha = 120°$; $\beta = 150°$; $\gamma = 280°$
    II. $\alpha = 60°$; $\beta = 90°$; $\gamma = 40°$
    III. $\alpha = 50°$; $\beta = 40°$; $\gamma = 80°$
    IV. $\alpha = 150°$; $\beta = 160°$; $\gamma = 165°$

5 Trigonometria esférica

Segundo Santos e Oliveira (2018, p. 10, grifo do original):

> os valores do seno, cosseno, tangente e demais razões para os ângulos internos de um triângulo esférico são as mesmas dos ângulos planos formados pelas retas tangentes ao ponto de interseção de seus lados.
>
> De forma semelhante, as medidas dos lados $\widehat{AB}$, $\widehat{AC}$ e $\widehat{BC}$ de um triângulo esférico ABC são dadas em graus ou radianos [...]. Assim, as razões trigonométricas para esses lados, que são arcos, serão as mesmas do arco correspondente no ciclo trigonométrico.

No Capítulo 4, estudamos o triângulo esférico, que vamos representar novamente na Figura 5.1, a seguir. Lembre-se de que o raio da esfera trigonométrica é unitário.

Figura 5.1 – Triângulo esférico

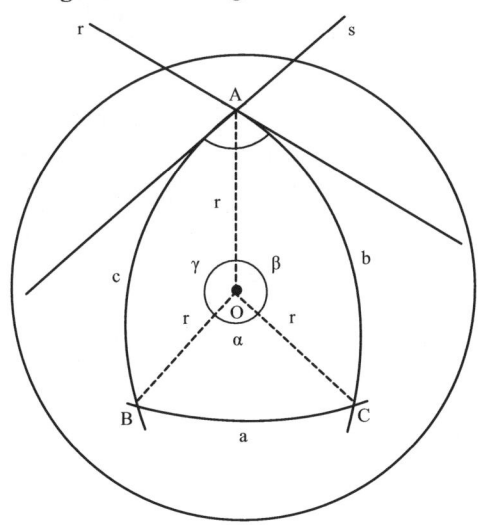

Fonte: Coutinho, 2001, p. 84.

Na Figura 5.1, temos um triângulo esférico ou elíptico ABC, com centro O. Para medir o ângulo $\hat{A}$, vamos traçar duas retas tangentes (r e s) aos lados b e c, respectivamente, tendo o ponto A como ponto de interseção. Na sequência, vamos deduzir a lei dos cossenos, iniciando pelos triângulos planos.

5.1 Lei dos cossenos para triângulos planos

Você se lembra da lei dos cossenos para triângulos planos? Ela pode ser aplicada a qualquer triângulo e nos permite calcular o valor de um lado se conhecermos as medidas dos outros dois e o valor do ângulo formado por eles. Vamos analisar a Figura 5.2, a seguir.

Figura 5.2 – Triângulo qualquer para determinação da lei dos cossenos

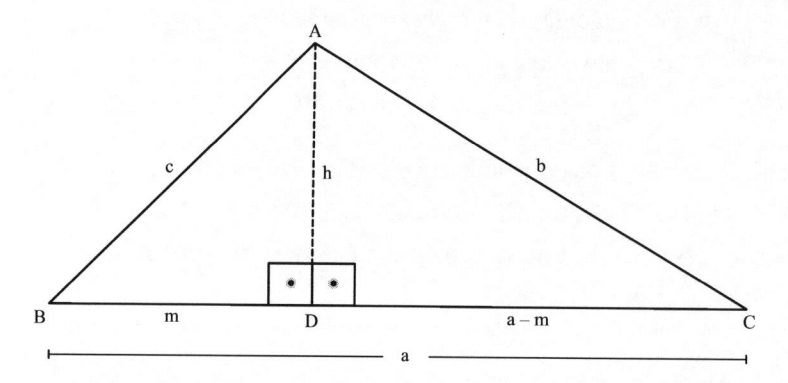

O lado oposto ao ângulo $\hat{A}$ é o lado a, o lado oposto ao ângulo $\hat{B}$ é o lado b e o lado oposto ao ângulo $\hat{C}$ é o lado c. A partir do vértice A, vamos traçar uma perpendicular ao lado a, interceptando esse lado no ponto D. Assim, teremos dois triângulos retângulos: ABD e ADC. Vamos chamar o segmento AD de h, o segmento BD de m e o segmento DC de $(a - m)$.

Dessa forma, o lado $a = m + (a - m)$. Aplicando ao triângulo ABD o teorema de Pitágoras, temos $c^2 = m^2 + h^2 \Rightarrow h^2 = c^2 - m^2$; e aplicando o teorema de Pitágoras ao triângulo ADC, temos $b^2 = (a - m)^2 + h^2$. Como $h^2 = c^2 - m^2$:

$b^2 = (a - m)^2 + c^2 - m^2$
$b^2 = a^2 - 2am + m^2 + c^2 - m^2$
$b^2 = a^2 - 2am + c^2$

Sabemos que, em um triângulo retângulo, o cosseno de um ângulo é igual ao lado adjacente dividido pela hipotenusa, então:

$$\cos \hat{B} = \frac{m}{c} \Rightarrow m = c \cdot \cos \hat{B}$$

Como $b^2 = a^2 + c^2 - 2am$:

$$b^2 = a^2 + c^2 - 2ac \cdot \cos \widehat{B}$$

Assim, podemos enunciar a lei dos cossenos para um triângulo plano da seguinte forma: Em qualquer triângulo ABC de lados *a*, *b* e *c*, o quadrado de um dos lados é igual à soma dos quadrados dos outros dois lados menos o duplo produto desses dois lados multiplicado pelo cosseno do ângulo formado por eles.

Por analogia, podemos definir a lei dos cossenos em relação aos outros dois lados. Observe:

$$a^2 = b^2 + c^2 - 2bc \cdot \cos \widehat{A}$$

$$c^2 = a^2 + b^2 - 2ab \cdot \cos \widehat{C}$$

5.2 Lei dos cossenos para triângulos esféricos

Para os triângulos esféricos, a lei dos cossenos tem o seguinte enunciado: Em qualquer triângulo esférico ABC de lados *a*, *b* e *c* e ângulos opostos $\widehat{A}$, $\widehat{B}$ e $\widehat{C}$, respectivamente, o cosseno de um de seus lados é igual ao produto dos cossenos dos outros dois lados mais o produto dos senos dos referidos lados multiplicado pelo cosseno do ângulo formado por eles. Assim, temos:

$$\cos a = \cos b \cdot \cos c + \sen b \cdot \sen c \cdot \cos \widehat{A}$$

Essa fórmula é conhecida como *fórmula fundamental*, uma vez que, por meio dela, obtemos as demais fórmulas dos triângulos esféricos. Desse modo, por analogia, temos:

$$\cos b = \cos a \cdot \cos c + \sen a \cdot \sen c \cdot \cos \widehat{B}$$

$$\cos c = \cos a \cdot \cos b + \sen a \cdot \sen b \cdot \cos \widehat{C}$$

Notação
≡ – congruente a.

Para a demonstração da lei dos cossenos, suponha uma superfície *S* de uma esfera de centro *O*, sendo, em *S*, o triângulo ABC de lados *a*, *b* e *c* medidos pelos ângulos planos das faces dos diedros, conforme representado na Figura 5.3, a seguir.

Figura 5.3 – Triângulo esférico qualquer para determinação da lei dos cossenos

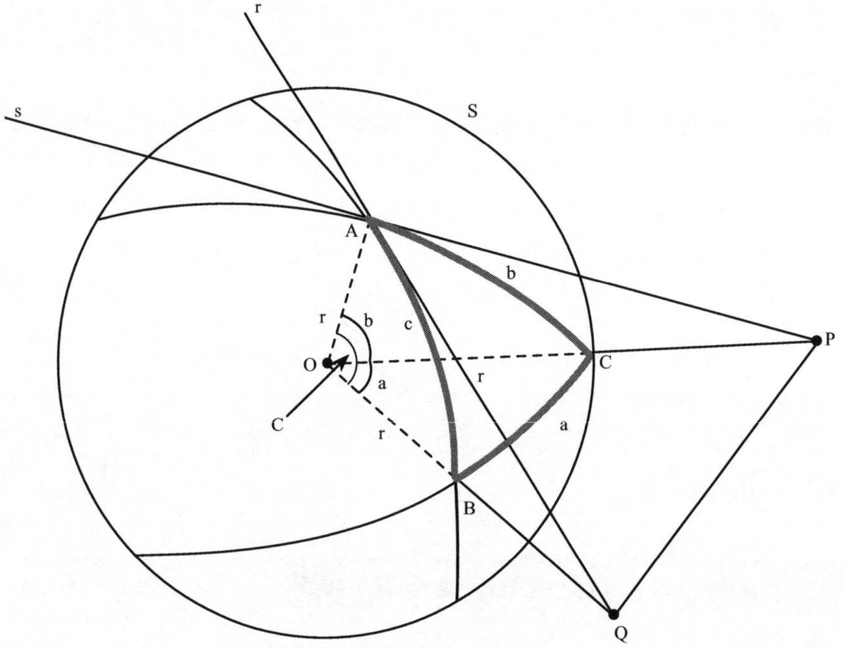

Fonte: Zanella, 2013, p. 94.

Como vimos na Figura 5.1, OA ≡ OB ≡ OC ≡ r ≡ 1. Portanto, a = $B\widehat{O}C$, b = $A\widehat{O}C$ e c = $A\widehat{O}B$. As retas *r* e *s* são tangentes aos círculos máximos AB e AC. Então, as semirretas AO e AP são perpendiculares, bem como as retas AO e AQ (uma reta tangente a uma esfera é perpendicular a seu raio).

O prolongamento do raio OC encontra a reta *s* no ponto *P*, e o prolongamento do raio OB encontra a reta *r* no ponto *Q*. Temos, então, um poliedro de faces triangulares cujos vértices são os pontos *A*, *O*, *Q* e *P*. Planificando esse poliedro, obtemos quatro triângulos planos, a saber: OAP, OAQ, PQO e PQA, sendo que os dois primeiros são triângulos retângulos ($\widehat{A}$ = 90°). Observe a Figura 5.4, a seguir.

Figura 5.4 – Poliedro AOQP planificado

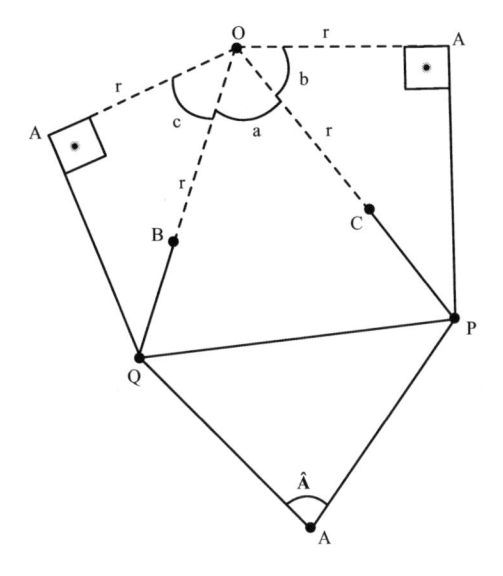

Fonte: Zanella, 2013, p. 94.

No triângulo retângulo OAP, aplicando o teorema de Pitágoras, temos $OP^2 = AO^2 + AP^2$; e no triângulo retângulo OAQ, aplicando o teorema de Pitágoras, temos $OQ^2 = AO^2 + AQ^2$. Somando as duas equações anteriores, temos:

$$OP^2 + OQ^2 = AO^2 + AP^2 + AO^2 + AQ^2$$
$$OP^2 + OQ^2 = 2 \cdot AO^2 + AP^2 + AQ^2$$
$$2 \cdot AO^2 = (OP^2 + OQ^2) - (AP^2 + AQ^2)$$
$$2 \cdot AO^2 = (OP^2 - AP^2) + (OQ^2 - AQ^2)$$

Nesses triângulos, temos as seguintes relações trigonométricas:

$$\cos b = \frac{AO}{OP}$$

$$\operatorname{sen} b = \frac{AP}{OP}$$

$$\cos c = \frac{AO}{OQ}$$

$$\operatorname{sen} c = \frac{AQ}{OQ}$$

Agora, vamos analisar os triângulos PQO e PQA. De acordo com a lei dos cossenos, vimos que $a^2 = b^2 + c^2 - 2bc \cdot \cos \widehat{A}$. Então, no triângulo PQO, temos $PQ^2 = OP^2 + OQ^2 - 2 \cdot OP \cdot OQ \cdot \cos a$; e no triângulo PQA, temos $PQ^2 = AP^2 + AQ^2 - 2 \cdot AP \cdot AQ \cdot \cos \widehat{A}$. Igualando as equações anteriores, uma vez que ambas valem PQ^2, temos:

$$OP^2 + OQ^2 - 2 \cdot OP \cdot OQ \cdot \cos a = AP^2 + AQ^2 - 2 \cdot AP \cdot AQ \cdot \cos \widehat{A}$$
$$2 \cdot OP \cdot OQ \cdot \cos a = OP^2 + OQ^2 - (AP^2 + AQ^2 - 2 \cdot AP \cdot AQ \cdot \cos \widehat{A})$$
$$2 \cdot OP \cdot OQ \cdot \cos a = (OP^2 - AP^2) + (OQ^2 - AQ^2) + 2 \cdot AP \cdot AQ \cdot \cos \widehat{A}$$

Como deduzimos que $2 \cdot AO^2 = (OP^2 - AP^2) + (OQ^2 - AQ^2)$, temos:

$$2 \cdot OP \cdot OQ \cdot \cos a = 2 \cdot AO^2 + 2 \cdot AP \cdot AQ \cdot \cos \widehat{A}$$

Então:

$$\cos a = \frac{2 \cdot (AO^2 + AP \cdot AQ \cdot \cos \widehat{A})}{2 \cdot OP \cdot OQ}$$

$$\cos a = \frac{(AO^2 + AP \cdot AQ \cdot \cos \widehat{A})}{OP \cdot OQ}$$

$$\cos a = \frac{AO^2}{OP \cdot OQ} + \frac{AP \cdot AQ \cdot \cos \widehat{A}}{OP \cdot OQ}$$

$$\cos a = \frac{AO \cdot AO}{OP \cdot OQ} + \frac{AP \cdot AQ}{OP \cdot OQ} \cdot \cos \widehat{A}$$

Substituindo pelas relações trigonométricas definidas anteriormente, temos:

$$\cos a = \cos b \cdot \cos c + \operatorname{sen} b \cdot \operatorname{sen} c \cdot \cos \widehat{A}$$

Por analogia:

$$\cos b = \cos a \cdot \cos c + \operatorname{sen} a \cdot \operatorname{sen} c \cdot \cos \widehat{B}$$

$$\cos c = \cos a \cdot \cos b + \operatorname{sen} a \cdot \operatorname{sen} b \cdot \cos \widehat{C}$$

Exercícios resolvidos

1) A cidade de Kingston, na Jamaica, tem as seguintes coordenadas geográficas: latitude 18°5' N e longitude 76°58' W; ao passo que a cidade de Bristol, na Inglaterra, tem latitude 51°26' N e longitude 2°35' W. De posse desses dados, determine a distância entre Kingston e Bristol.

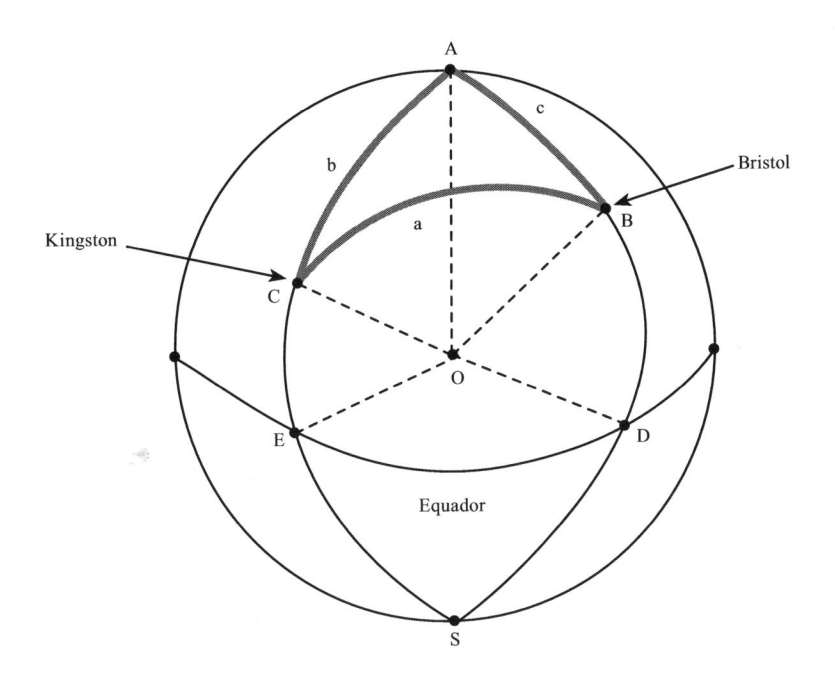

Vamos considerar o globo terrestre, no qual o vértice do triângulo esférico coincide com o Polo Norte. Essa escolha justifica-se, pois, conhecendo as latitudes e longitudes dos pontos B e C é possível determinar os valores de b e c e do ângulo Â. Como o arco AD tem 90° e o arco BD tem 51°26' (latitude de Bristol), então c = 90° − 51°26' = 38°34'. Analogamente, temos b = 90° − 18°05' = 71°55'. O angulo Â está associado ao arco DE, então, para determiná-lo, basta calcular a diferença entre as longitudes:

A = −2°35' − (−76°58') = 74°23'.

Agora, é só aplicar os dados na fórmula fundamental:

cos (a) = cos (71°55') · cos (38°34') + sen (71°55') · sen (38°34') · cos(74°23')
cos (a) = 0,40223
a = arccos (0,40223)
a = 66,28°

Como 1° (um grau) de circunferência máxima na superfície terrestre corresponde a, aproximadamente, 111,177 km, temos que a distância entre Kingston e Bristol é:

66,28 · 111,177 km = 7368,81 km.

2) Suponhamos que uma pequena embarcação ficou à deriva em alto mar. Um avião avistou a embarcação e passou pelo rádio as seguintes coordenadas para um navio localizado na posição 42°20' N e 8°30' W: Embarcação à deriva com pessoas precisando de ajuda! A localização da embarcação é 46°10' N e 6°15' E. Qual a distância que o navio deverá percorrer até alcançar a embarcação que está à deriva?

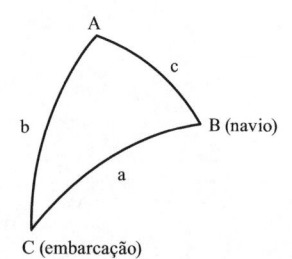

a. O lado AB = c = 90° − 42°20' = 47°40'
b. O lado AC = b = 90° − 46°10' = 43°50'
c. O ângulo A = 8°30' + 6°15' = 14°45'

Sabemos que:

$$\cos a = \cos b \cdot \cos c + \operatorname{sen} b \cdot \operatorname{sen} c \cdot \cos \widehat{A}$$
$$\cos a = \cos(43°50') \cdot \cos(47°40') + \operatorname{sen}(43°50') \cdot \operatorname{sen}(47°40') \cdot \cos(14°45')$$
$$\cos a = 0{,}721357433400251 \cdot 0{,}6734426995189 + 0{,}692562959793694 \cdot$$
$$\cdot \, 0{,}739239427022596 \cdot 0{,}967045938913943$$
$$\cos a = 0{,}980891257276757$$
$$a = 11{,}21883319615251, \text{ ou seja,}$$
$$a = 11°13'.$$

A quantas milhas equivale esse valor de a = 11°13'?

Primeiramente, vamos verificar a quantos metros corresponde o ângulo central de 1° (um grau), ou seja, o arco AB:

$$\frac{\widehat{AB}}{2\pi r} = \frac{1°}{360°}$$

$$\widehat{AB} = \frac{2\pi r}{360°}$$

$$\widehat{AB} = \pi \cdot \frac{6\,370}{180}$$

$$\widehat{AB} = 111{,}177473352 \text{ km}$$

Como uma milha náutica ou marítima mede 1,852 km, temos que 111,177473352 km equivalem a 60,031033 milhas. Então, a distância percorrida pelo navio para resgatar a embarcação que está à deriva foi de:

11,21883319615251 · 60,031033 = 673,478 milhas marítimas, aproximadamente (ou seja, 1247,281 km, aproximadamente).

5.3 Lei dos senos para triângulos planos

Você se lembra da lei dos senos para triângulos planos? Vamos recordá-la! Para isso, analisaremos a Figura 5.5, a seguir.

Figura 5.5 – Triângulo qualquer para determinação da lei dos senos

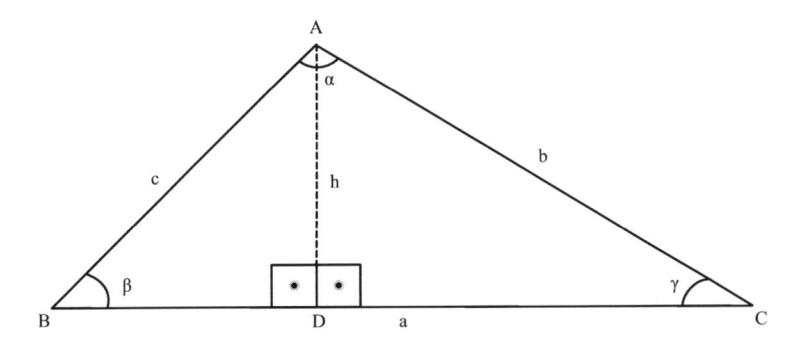

O lado oposto ao ângulo $\hat{A}$ é o lado a, o lado oposto ao ângulo $\hat{B}$ é o lado b e o lado oposto ao ângulo $\hat{C}$ é o lado c. Portanto, AB = c, BC = a e AC = b. A partir do vértice A, vamos traçar uma perpendicular ao lado a, interceptando esse lado no ponto D. Desse modo, teremos dois triângulos retângulos: ABD e ADC.

Sabemos que o seno de um ângulo em um triângulo retângulo é igual ao lado oposto dividido pela hipotenusa. Então, no triângulo ABD, temos $\operatorname{sen} \beta = \dfrac{AD}{c}$, ou seja, o lado AD mede c · sen β. Já no triângulo ADC, temos $\operatorname{sen} \gamma = \dfrac{AD}{b}$, isto é, o lado AD mede b · sen γ. Como AD = c · sen β e como AD = b · sen γ, temos c · sen β = b · sen γ.

Desse modo, é possível escrever a proporção:

$$\frac{b}{\operatorname{sen} \beta} = \frac{c}{\operatorname{sen} \gamma}$$

E, por analogia:

$$\frac{a}{\operatorname{sen}\alpha} = \frac{b}{\operatorname{sen}\beta} = \frac{c}{\operatorname{sen}\gamma}$$

Assim, a lei dos senos para um triângulo plano é: Em qualquer triângulo ABC de lados a, b e c, a razão entre cada lado e o seno do ângulo oposto é uma constante.

5.4 Lei dos senos para triângulos esféricos

Na lei dos cossenos, vimos que $\cos a = \cos b \cdot \cos c + \operatorname{sen} b \cdot \operatorname{sen} c \cdot \cos \widehat{A}$. Então:

$$\cos \widehat{A} = \frac{\cos a - \cos b \cdot \cos c}{\operatorname{sen} b \cdot \operatorname{sen} c}$$

Lembre-se de que, conforme a identidade trigonométrica fundamental, $\operatorname{sen}^2 x + \cos^2 x = 1$.

Essa identidade é verdadeira para todos os valores de x, sendo obtida por meio da aplicação do teorema de Pitágoras no triângulo retângulo formado pelo círculo trigonométrico para cada valor de x.

Ao dividir os dois membros dessa identidade por $\cos^2 x$, temos:

$$\frac{\operatorname{sen}^2 x}{\cos^2 x} + \frac{\cos^2 x}{\cos^2 x} = \frac{1}{\cos^2 x}$$
$$1 + \operatorname{tg}^2 x = \sec^2 x$$

Ao dividir os dois membros da mesma identidade por $\operatorname{sen}^2 x$, temos:

$$\frac{\operatorname{sen}^2 x}{\operatorname{sen}^2 x} + \frac{\cos^2 x}{\operatorname{sen}^2 x} = \frac{1}{\operatorname{sen}^2 x}$$
$$1 + \operatorname{cotg}^2 x = \operatorname{cosec}^2 x$$

Da identidade trigonométrica fundamental, temos:

$$\operatorname{sen} \widehat{A} = \pm \sqrt{\frac{1 - \cos^2 a - \cos^2 b - \cos^2 c + 2 \cdot \cos a \cdot \cos b \cdot \cos c}{\operatorname{sen} b \cdot \operatorname{sen} c}}$$

Só devemos levar em consideração o valor positivo, pois $\operatorname{sen} b$, $\operatorname{sen} c$ e $\operatorname{sen} \widehat{A}$ são todos positivos, pois, pela definição de triângulo esférico, $0 < b, c, \widehat{A} < \pi$.

Então:

$$\operatorname{sen} \widehat{A} = \sqrt{\frac{1 - \cos^2 a - \cos^2 b - \cos^2 c + 2 \cdot \cos a \cdot \cos b \cdot \cos c}{\operatorname{sen} b \cdot \operatorname{sen} c}}$$

Por analogia:

$$\operatorname{sen} \widehat{B} = \sqrt{\frac{1 - \cos^2 a - \cos^2 b - \cos^2 c + 2 \cdot \cos a \cdot \cos b \cdot \cos c}{\operatorname{sen} a \cdot \operatorname{sen} c}}$$

$$\operatorname{sen} \widehat{C} = \sqrt{\frac{1 - \cos^2 a - \cos^2 b - \cos^2 c + 2 \cdot \cos a \cdot \cos b \cdot \cos c}{\operatorname{sen} a \cdot \operatorname{sen} b}}$$

Dividindo sen $\widehat{A}$ por sen $\widehat{B}$, temos, já simplificado:

$$\frac{\operatorname{sen} a}{\operatorname{sen} \widehat{A}} = \frac{\operatorname{sen} b}{\operatorname{sen} \widehat{B}}$$

Dividindo sen $\widehat{A}$ por sen $\widehat{C}$, temos, já simplificado:

$$\frac{\operatorname{sen} a}{\operatorname{sen} \widehat{A}} = \frac{\operatorname{sen} c}{\operatorname{sen} \widehat{C}}$$

Logo:

$$\frac{\operatorname{sen} a}{\operatorname{sen} \widehat{A}} = \frac{\operatorname{sen} b}{\operatorname{sen} \widehat{B}} = \frac{\operatorname{sen} c}{\operatorname{sen} \widehat{C}}$$

Desse modo, é possível enunciar a lei dos senos para um triângulo esférico da seguinte maneira: Em qualquer triângulo esférico ABC de lados a, b e c, a razão entre o seno de qualquer um dos lados e o seno de seu ângulo oposto é uma constante.

5.5 Teorema de Pitágoras esférico

Vamos considerar três pontos A, B e C em uma superfície esférica de raio r que não estejam sobre um mesmo círculo máximo e que formem um triângulo no qual os lados a, b e c, sejam os arcos dos círculos máximos que ligam esses pontos dois a dois. Vamos supor também que um dos ângulos desse triângulo – no caso, o ângulo $\widehat{A}$ – seja $\frac{\pi}{2}$, conforme a Figura 5.6, a seguir.

Figura 5.6 – Triângulo retângulo esférico

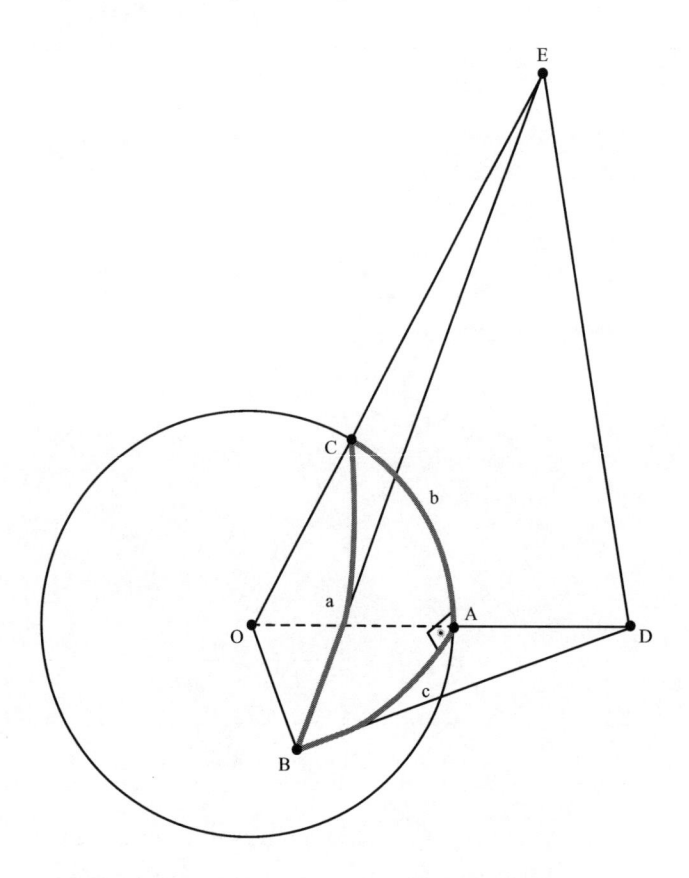

Fonte: Coutinho, 2001, p. 97.

Na Figura 5.6, a esfera tem centro O e, a partir do vértice B, traçamos uma reta tangente ao círculo máximo que contém AB. Essa tangente pertence ao plano OAB e encontra o prolongamento do raio OA no ponto D. A partir do mesmo vértice B, também traçamos uma tangente ao círculo máximo que contém BC. Essa tangente pertence ao plano OBC e encontra o prolongamento do raio OC no ponto E. Por fim, ligamos o ponto D ao ponto E. Desse modo, o raio OB é perpendicular às duas tangentes que traçamos (BD e BE) e o plano BDE é perpendicular ao plano que passa por OB, ou seja, perpendicular ao plano AOB.

O ângulo $\widehat{A}$ é um ângulo reto. Então, é possível supor que o plano AOC é perpendicular ao plano AOB. Como a reta DE é a interseção dos planos AOC e BDE, ela é perpendicular ao plano AOB. Assim, é possível concluir que os ângulos $O\widehat{D}E$ e $B\widehat{D}E$ são retos e que temos quatro triângulos retângulos planos na Figura 5.6, que são: BDE, ODE, BOD e EOB. Observe que $D\widehat{B}E \equiv \widehat{B}$, $E\widehat{O}D \equiv b$, $D\widehat{O}B \equiv c$, $E\widehat{O}B \equiv a$.

Considerando esse contexto, temos as seguintes relações:

$$\frac{OB}{OE} = \frac{OD}{OE} \cdot \frac{OB}{OD}$$

Isto é:

$$\cos a = \cos b \cdot \cos c$$

$$\frac{DE}{BE} = \frac{DE}{OE} \cdot \frac{OE}{BE}$$

Ou seja:

$$\operatorname{sen} \widehat{B} = \frac{\operatorname{sen} b}{\operatorname{sen} a} \therefore \operatorname{sen} b = \operatorname{sen} a \cdot \operatorname{sen} \widehat{B}$$

Por analogia:

$$\operatorname{sen} c = \operatorname{sen} a \cdot \operatorname{sen} \widehat{C}$$

$$\frac{DB}{BE} = \frac{DB}{OB} \cdot \frac{OB}{BE}$$

Ou seja:

$$\cos \widehat{B} = \frac{\operatorname{tg} c}{\operatorname{tg} a} \therefore \operatorname{tg} c = \cos \widehat{B} \cdot \operatorname{tg} a$$

Por analogia:

$$\operatorname{tg} b = \cos \widehat{C} \cdot \operatorname{tg} a$$

$$\frac{DE}{DB} = \frac{DE}{OD} \cdot \frac{OD}{DB}$$

Ou seja:

$$\operatorname{tg} \widehat{B} = \frac{\operatorname{tg} b}{\operatorname{sen} c} \therefore \operatorname{tg} b = \operatorname{tg} \widehat{B} \cdot \operatorname{sen} c$$

Por analogia:

$$\operatorname{tg} c = \operatorname{tg} \widehat{C} \cdot \operatorname{sen} b$$

Multiplicando as duas últimas relações, temos:

$$\operatorname{tg} b \cdot \operatorname{tg} c = \operatorname{tg} \widehat{B} \cdot \operatorname{sen} c \cdot \operatorname{tg} \widehat{C} \cdot \operatorname{sen} b$$

$$\operatorname{tg} \widehat{B} \cdot \operatorname{tg} \widehat{C} = \frac{\operatorname{tg} b \cdot \operatorname{tg} c}{\operatorname{sen} b \cdot \operatorname{sen} c}$$

$$\text{tg }\widehat{B} \cdot \text{tg }\widehat{C} = \frac{1}{\cos b \cdot \cos c}$$

$$\cos b \cdot \cos c = \frac{1}{\text{tg B} \cdot \text{tg C}}$$

$$\cos b \cdot \cos c = \text{cotg }\widehat{B} \cdot \text{cotg }\widehat{C}$$

Como cos a = cos b · cos c:

$$\cos a = \text{cotg }\widehat{B} \cdot \text{cotg }\widehat{C}$$

Vimos que sen c = sen a · sen $\widehat{C}$ e que tg c = cos $\widehat{B}$ · tg a. Multiplicando de maneira cruzada essas duas relações, temos:

$$\text{tg c} \cdot \text{sen a} \cdot \text{sen }\widehat{C} = \cos \widehat{B} \cdot \text{tg a} \cdot \text{sen c}$$

$$\cos \widehat{B} = \frac{\text{tg c} \cdot \text{sen a} \cdot \text{sen }\widehat{C}}{\text{tg a} \cdot \text{sen c}}$$

$$\cos \widehat{B} = \frac{\cos a \cdot \text{sen }\widehat{C}}{\cos c}$$

$$\cos \widehat{B} = \text{sem }\widehat{C} \cdot \cos b$$

Por analogia:

$$\cos \widehat{C} = \text{sen }\widehat{B} \cdot \cos c$$

Então, é possível enunciar o teorema de Pitágoras esférico da seguinte forma: Para um triângulo retângulo ABC em uma superfície esférica de raio r com ângulo reto em $\widehat{A}$ e lados de comprimentos a, b e c, temos $\cos \frac{\widehat{A}}{r} = \cos \frac{\widehat{B}}{r} = \cos \frac{\widehat{C}}{r}$.

5.6 Triângulo esférico retângulo

Para resolver problemas com triângulos esféricos retângulos, ou seja, triângulos esféricos que tenham ao menos um ângulo igual a 90°, é necessário utilizar uma mnemônica, que chamamos de *regra de Mauduit*: O cosseno do elemento médio é igual ao produto das cotangentes dos elementos conjuntos ou é igual ao produto dos senos dos elementos separados.

Considerando o exposto, vamos observar a Figura 5.7, a seguir, na qual há um triângulo esférico retângulo.

Figura 5.7 – Triângulo esférico retângulo (A = 90°)

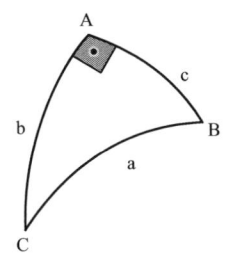

Vamos admitir que *a* é o elemento médio, *b* e *c* são seus elementos separados e *B* e *C*, seus elementos conjuntos. Observe que qualquer elemento pode ser escolhido, exceto o ângulo reto.

Pela regra de Mauduit, temos cos a = cotg B · cotg C ou cos a = sen b · sen c. No entanto, se o ângulo reto não pode ser o elemento escolhido, para a aplicação da regra de Mauduit, observe que, se admitirmos que *b* é o elemento médio, seus elementos conjuntos serão *C* e *c*; além disso, não se considera os catetos, mas sim seus complementos, quer dizer, se Â é o ângulo reto, utilizaremos (90° – c) e (90° – b).

5.7 Triângulos polares

Primeiramente, é importante definir que polar é o lugar geométrico dos pontos da superfície esférica equidistantes 90° dos polos. Logo, todas as circunferências máximas, perpendiculares à polar, contém os polos.

Mas quando dois triângulos esféricos são polares?

Segundo Silva Filho (2014, p. 22, grifo do original), "**O triângulo polar** de um triângulo esférico ABC é outro triângulo esférico A'B'C' que se obtém a partir de circunferências máximas cujos polos são os vértices do triângulo ABC". Observe a Figura 5.8, a seguir.

Figura 5.8 – Triângulos esféricos polares

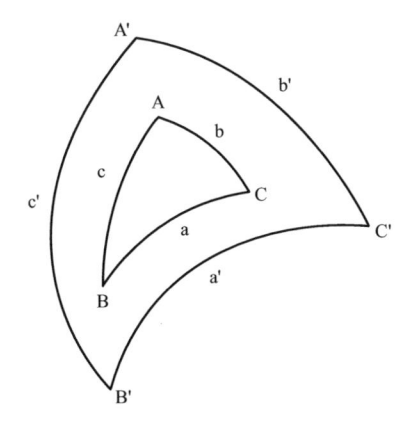

Proposição 5.1

Os lados de um triângulo esférico polar são suplementos dos ângulos do triângulo dado e seus ângulos são os suplementos dos lados do triângulo dado.

Considerando essa proposição, temos:

$A + a' = 180°$
$B + b' = 180°$
$C + c' = 180°$
$a + A' = 180°$
$b + B' = 180°$
$c + C' = 180°$

Síntese

Neste capítulo, aprendemos a lei dos cossenos para triângulos planos e esféricos e deduzimos a fórmula dessa lei. Na sequência, estudamos a lei dos senos para triângulos planos e esféricos e, igualmente, deduzimos a fórmula dessa lei. Por fim, estudamos detalhadamente o teorema de Pitágoras esférico e o triângulo esférico retângulo com suas propriedades.

Atividades de aprendizagem

1) Determine a distância percorrida em uma viagem de Curitiba ($\theta_A = 25°25,7'$ S; $\phi_A = 49°16,4'$ W) a Fortaleza ($\theta_B = 3°43,1'$ S; $\phi_B = 38°32,6'$ W) ao longo de uma circunferência máxima. Considere o raio da Terra igual a, aproximadamente, 6.370 km.

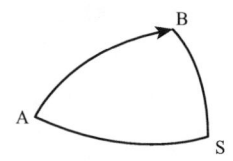

A e B representam Curitiba e Fortaleza, respectivamente.

2) Sabemos que a forma física do planeta Terra não é exatamente uma esfera, pois apresenta achatamento nos polos Norte e Sul. Por esse motivo, dizemos que a forma física do planeta Terra é a de um geoide. Para a resolução desse exercício, entretanto, vamos considerar que o planeta Terra seja uma esfera com raio médio igual a 6.370 km. Com base nessa consideração, calcule quantos quilômetros são percorridos por um navio quando ele se move em 3° de circunferência máxima. Considerando que desejamos determinar o comprimento de um arco de circunferência máxima sobre a superfície da Terra, que está associado a um ângulo central cuja medida é igual a 3°, o comprimento do arco está para o comprimento da circunferência máxima, assim como o ângulo central (3°) que determina o arco está para o ângulo de uma volta (360°).

3) Dados os ângulos e os lados de dois triângulos esféricos, verifique quais são polares.

   I. $a = 120°$; $b = 150°$; $c = 80°$; e $A' = 60°$; $B' = 30°$; $C' = 100°$
   II. $a = 70°$; $b = 50°$; $c = 80°$; e $A' = 110°$; $B' = 30°$; $C' = 100°$
   III. $a' = 130°$; $b' = 140°$; $c' = 80°$; e $A = 50°$; $B = 140°$; $C = 100°$
   IV. $a' = 110°$; $b' = 120°$; $c' = 110°$; e $A = 70°$; $B = 60°$; $C = 70°$

6
Trigonometria hiperbólica

Neste capítulo, estudaremos as principais funções trigonométricas hiperbólicas: o seno hiperbólico (sen h), o cosseno hiperbólico (cos h) e a tangente hiperbólica (tg h), enfatizando como deduzi-las. Trabalharemos a trigonometria hiperbólica em triângulos retângulos e o teorema de Pitágoras hiperbólico, além de vermos como descrever as leis dos cossenos e senos.

6.1 Função seno hiperbólico

Podemos representar a função seno hiperbólico da seguinte maneira:

$$\operatorname{senh} x = \frac{e^x - e^{-x}}{2}$$

Observe o Gráfico 6.1, a seguir.

Gráfico 6.1 – Seno hiperbólico

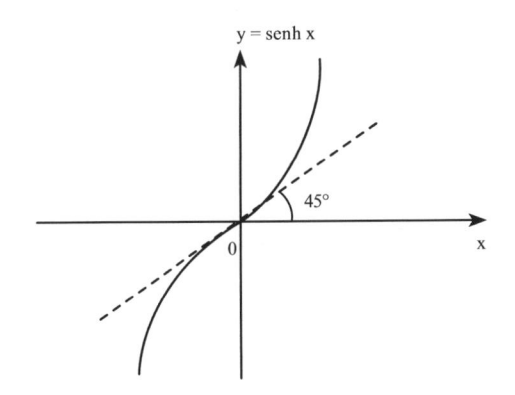

Notação

$\in$ – pertence.

Sabemos que a função senh x é uma função ímpar, ou seja, senh (–x) = –senh x. Para conferir, vamos supor que x ∈ R, assim:

$$\text{senh}(-x) = \frac{e^x - e^{-(-x)}}{2}$$

$$\text{senh}(-x) = \frac{-e^x - e^{-x}}{2}$$

$$\text{senh}(-x) = -\text{senh}\, x$$

Ou seja, a função seno hiperbólico é uma função ímpar.

6.2 Função cosseno hiperbólico

Podemos representar a função cosseno hiperbólico da seguinte maneira:

$$\cosh x = \frac{e^x + e^{-x}}{2}$$

Observe o Gráfico 6.2, a seguir.

Gráfico 6.2 – Cosseno hiperbólico

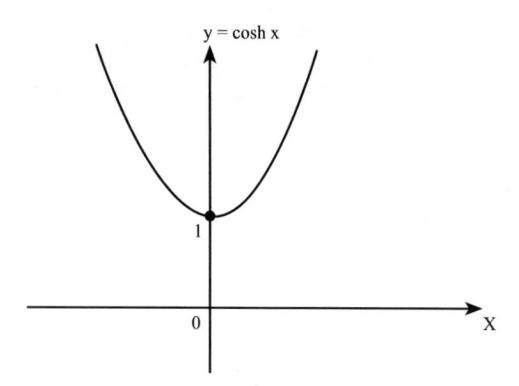

Sabemos que a função cosh x é uma função par, ou seja, cosh (–x) = cosh x. Para conferir, vamos supor que x ∈ R, assim:

$$\cosh(-x) = \frac{e^{-x} + e^{-(-x)}}{2}$$

$$\cosh(-x) = \frac{e^{-x} + e^x}{2}$$

$$\cosh(-x) = \frac{e^x + e^{-x}}{2}$$

$$\cosh(-x) = \cosh x$$

Ou seja, a função cosseno hiperbólico é uma função par.

6.3 Função tangente hiperbólica

Podemos representar a função tangente hiperbólica da seguinte maneira:

$$\text{tgh } x = \frac{\text{senh } x}{\cosh x} \Rightarrow \text{tgh } x = \frac{e^x - e^{-x}}{e^x + e^{-x}}$$

Observe o Gráfico 6.3.

Gráfico 6.3 – Tangente hiperbólica

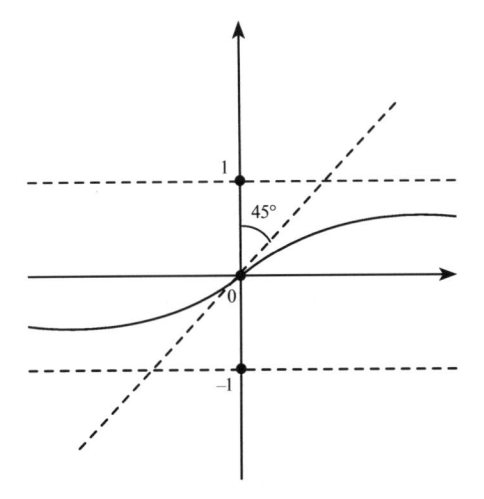

Sabemos que a função tgh x é uma função ímpar, ou seja, tgh (–x) = –tgh x. Para conferir, vamos supor que x ∈ R, assim:

$$\text{tgh}(-x) = \frac{e^{-x} + e^{-(-x)}}{e^{-x} + e^{-(-x)}}$$

$$\text{tgh}(-x) = \frac{e^{-x} + e^{x}}{e^{-x} + e^{x}}$$

$$\text{tgh}(-x) = -\frac{e^{x} + e^{-x}}{e^{x} + e^{-x}}$$

$$\text{tgh}(-x) = -\text{tgh } x$$

Ou seja, a função tangente hiperbólica é uma função ímpar.

Fique atento!

Antes de dar continuidade aos nossos estudos, vamos recordar outras importantes relações trigonométricas:

$$\text{cotgh } x = \frac{1}{\text{tgh } x} \Rightarrow \text{cotgh } x = \frac{e^x + e^{-x}}{e^x - e^{-x}}$$

$$\text{sech } x = \frac{1}{\cosh x} \Rightarrow \text{sech } x = \frac{2}{e^x + e^{-x}}$$

$$\text{cossech } x = \frac{1}{\text{senh } x} \Rightarrow \text{cossech } x = \frac{2}{e^x - e^{-x}}$$

Vale destacar que essas relações são verdadeiras apenas quando os denominadores são diferentes de zero.

Seguindo, temos ainda:

$$\text{senh } (x + y) = \text{senh } x \cdot \cosh y + \cosh x \cdot \text{senh } y$$

Logo:

$$\text{senh } (2x) = 2 \cdot \text{senh } x \cdot \cosh x$$

$$\text{senh } (2x) = \frac{e^{x+y} - e^{-(x+y)}}{2}$$

$$\cosh (x + y) = \cosh x \cdot \cosh y + \text{senh } x \cdot \text{senh } y$$

Assim:

$$\cosh (2x) = \cosh^2 x + \text{senh}^2 x$$

$$\cosh (2x) = \frac{e^{x+y} + e^{-(x+y)}}{2}$$

$$\text{tgh } (x + y) = \frac{\text{tg } x + \text{tg } y}{1 + \text{tg } x \cdot \text{tg } y}$$

Portanto:

$$\text{tgh } (2x) = \frac{e^{x+y} - e^{-(x+y)}}{e^{x+y} + e^{-(x+y)}}$$

6.4 Trigonometria hiperbólica

Na trigonometria esférica, analisamos uma circunferência de raio unitário cuja equação é $x^2 + y^2 = 1$. Agora, na trigonometria hiperbólica, utilizaremos uma hipérbole cuja equação é $x^2 - y^2 = 1$. Ao passo que a identidade trigonométrica fundamental da trigonometria esférica é $\cos^2 x + \text{sen}^2 x = 1$, a identidade fundamental da trigonometria hiperbólica é $\cosh^2 x - \text{senh}^2 x = 1$. Veja o Gráfico 6.4, a seguir.

Gráfico 6.4 – Relações entre as funções hiperbólicas

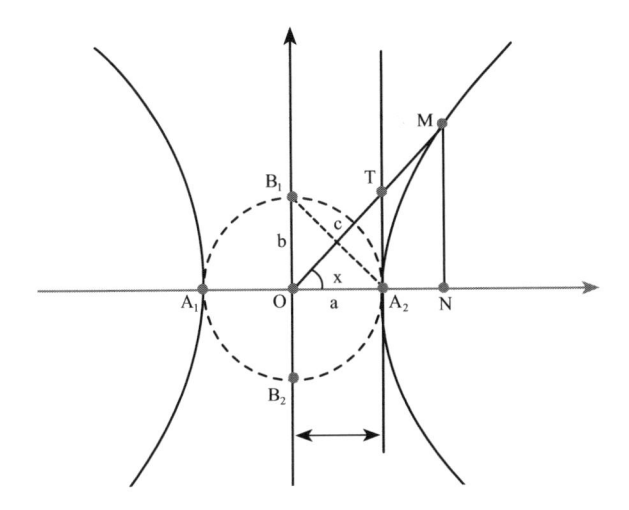

No Gráfico 6.4, temos que $\cosh x = ON$, $\text{senh } x = MN$ e $\text{tgh } x = A_2T$. Considerando as coordenadas do ponto M, já que $x^2 - y^2 = 1$, temos $ON^2 - MN^2 = 1 \Rightarrow \cosh^2 x - \text{senh}^2 x = 1$.

Agora, vamos considerar os triângulos OA_2T e ONM, observe que eles são semelhantes. Então:

$$\frac{A_2T}{O_A 2} = \frac{NM}{ON} \Rightarrow \frac{\text{tgh } x}{1} = \frac{\text{senh } x}{\cosh x} \Rightarrow \text{tgh } x = \frac{\text{senh } x}{\cosh x}$$

Dessas funções – $\text{senh } x$, $\cosh x$, $\text{tgh } x$ –, derivam outras funções hiperbólicas, a saber:

$$\text{cotgh } x = \frac{\cosh x}{\text{senh } x}$$

$$\text{sech } x = \frac{1}{\cosh x}$$

$$\text{cossech } x = \frac{1}{\text{senh } x}$$

Perceba que a função $\cosh x$ é uma função par, quer dizer, $\cosh(-x) = \cosh x$; que a função $\text{senh } x$ é uma função ímpar, ou seja, $\text{senh}(-x) = -\text{senh } x$; e que a função $\text{tgh } x$ também é ímpar, isto é, $\text{tgh}(-x) = -\text{tgh } x$.

Como sabemos que $\cosh^2 x - \operatorname{senh}^2 x = 1$, dividindo os dois membros por $\cosh^2 x$, temos:

$$\frac{\cosh^2 x}{\cosh^2 x} - \frac{\operatorname{senh}^2 x}{\cosh^2 x} = \frac{1}{\cosh^2 x} \Rightarrow 1 - \operatorname{tg} x = \sec x \Rightarrow \sec x + \operatorname{tg} x = 1$$

Dividindo agora os dois membros por $\operatorname{senh}^2 x$, temos:

$$\frac{\cosh^2 x}{\operatorname{senh}^2 x} - \frac{\operatorname{senh}^2 x}{\operatorname{senh}^2 x} = \frac{1}{\operatorname{senh}^2 x} \Rightarrow \operatorname{cotgh}^2 x - 1 = \operatorname{cossech}^2 x \Rightarrow \operatorname{cotgh}^2 x - \operatorname{cossech}^2 x = 1$$

O que é

Para nos aprofundarmos nesse estudo, precisamos conhecer o número de Euler, que é a base dos logaritmos naturais e apresenta o valor aproximado de 2,71828182845904523536028 7.

No Capítulo 3, vimos que a curva limitante, também chamada de *horocírculo* ou *horociclo*, é usada para a obtenção das fórmulas na trigonometria hiperbólica. Com isso em mente, vamos conferir as proposições a seguir.

Proposição 6.1
Segmentos de raios entre horocírculos concêntricos são congruentes.

Observe a Figura 6.1, a seguir.

Figura 6.1 – Horocírculos concêntricos

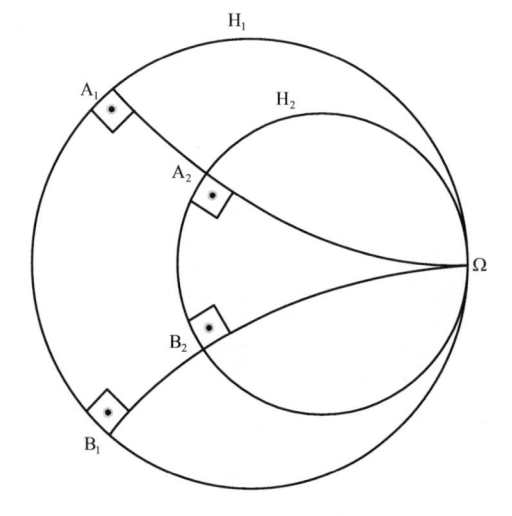

Na Figura 6.1, os horocírculos H_1 e H_2 são concêntricos, com centro em Ω; os pontos A_1 e B_1 pertencem ao horocírculo H_1; os pontos A_2 e B_2 pertencem ao horocírculo H_2; e os arcos A_1A_2 e B_1B_2 são chamados *arcos correspondentes*. Agora, observe a Figura 6.2.

Figura 6.2 – Congruência entre segmentos de raios de horocírculos concêntricos

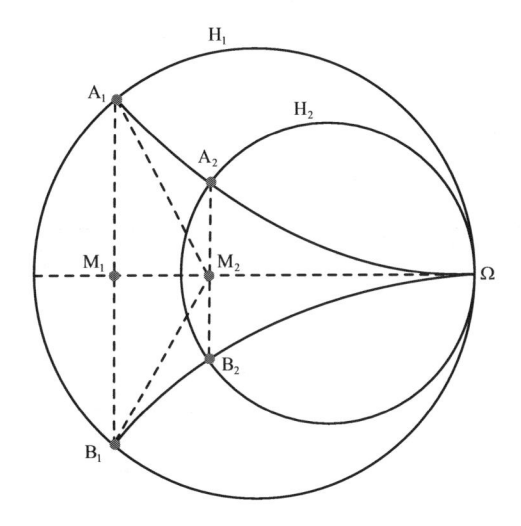

Notação

Ω – ponto ômega;

$\equiv$ – congruente a.

Unindo os pontos A_1 e B_1 e os pontos A_2 e B_2, M_1 e M_2 serão os pontos médios de A_1B_1 e de A_2B_2, respectivamente. Pela Proposição 3.10 (caso lado-ângulo), temos que $M\Omega$ é perpendicular a A_1B_1. Então, $AM\Omega \equiv BM\Omega$ e $A_1M_1M_2 \equiv B_1M_1M_2$, pois $A_1M_1 \equiv B_1M_1$; M_1M_2 é lado comum aos dois triângulos e os ângulos no vértice M_1 são iguais (ângulos retos) para os dois triângulos. Em consequência, os triângulos $A_1A_2M_2$ e $B_1B_2M_2$ são congruentes, isto é, $A_1A_2 = B_1B_2$, como queríamos demonstrar.

Proposição 6.2

A razão entre os arcos correspondentes de horocírculos concêntricos depende somente da distância entre eles ao longo de um raio.

Observe a Figura 6.3, a seguir.

Figura 6.3 – Arcos correspondentes em horocírculos concêntricos

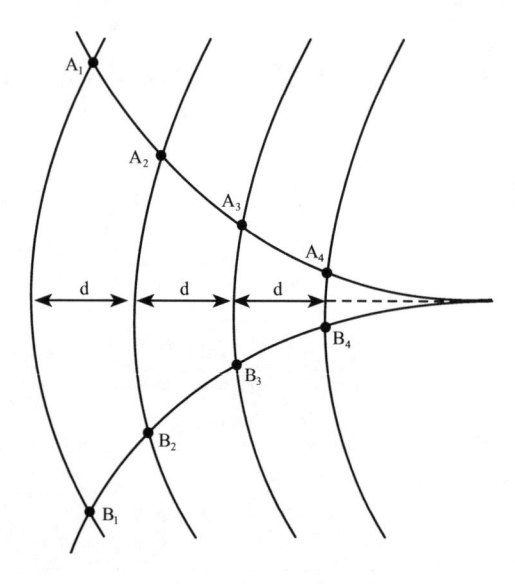

$$\frac{\widehat{A_1B_1}}{\widehat{A_2B_2}} = \frac{\widehat{A_2B_2}}{\widehat{A_3B_3}} = \frac{\widehat{A_3B_3}}{\widehat{A_4B_4}} = \ldots = f(d) > 1$$

Notação

e – número de Euler.

Pela fórmula de Gauss para a área (A) de um triângulo ABC, temos $A = k \cdot [\pi - (\widehat{A} + \widehat{B} + \widehat{C})]$, com k constante e maior que zero. Para $k = 1$, é possível verificar que, quando $\dfrac{\widehat{A_1B_1}}{\widehat{A_2B_2}} = e$, a distância d é igual a 1, sendo $\widehat{A_1B_1}$ e $\widehat{A_2B_2}$ arcos correspondentes de horocírculos concêntricos. Assim, vamos denominar a unidade de comprimento da geometria hiperbólica de $d(A_1B_1, A_2B_2) = 1$, se e somente se $\dfrac{\widehat{A_1B_1}}{\widehat{A_2B_2}} = e$.

6.4.1 Trigonometria hiperbólica em triângulos retângulos

No Capítulo 3, vimos que podem existir triângulos cujos três vértices são pontos ordinários e que, nesses casos, eles são chamados de *triângulos ordinários*, conforme representado na Figura 6.4, a seguir.

Figura 6.4 – Triângulo ordinário

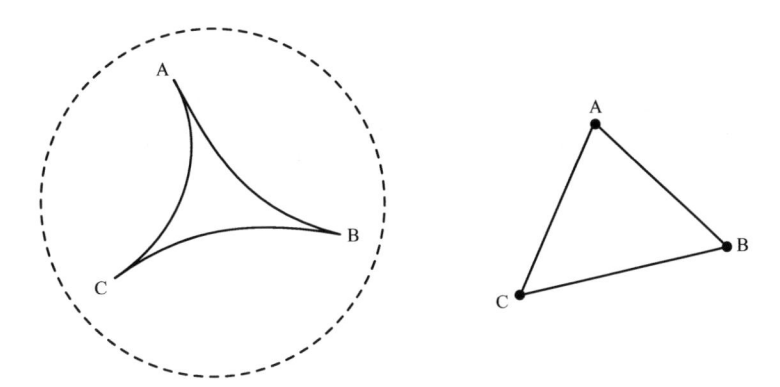

Vimos também os triângulos hiperbólicos ou triângulos ômega, que também podem ser chamados de *triângulos generalizados*. Com isso em mente, vamos supor um triângulo retângulo hiperbólico ordinário – como o ilustrado na Figura 6.5, a seguir, na qual o ângulo γ é um ângulo reto, o lado *a* é oposto ao vértice *A*, o lado *b* é oposto ao vértice *B* e o lado *c* é oposto ao vértice *C* – e conferir a proposição a seguir.

Figura 6.5 – Triângulo retângulo hiperbólico ordinário ABC

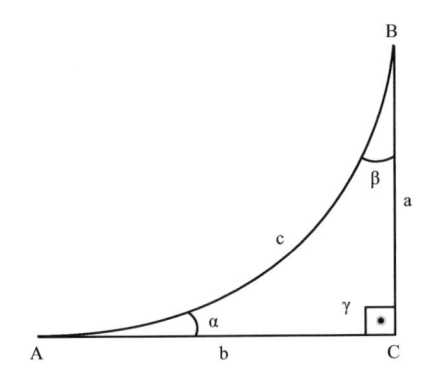

Proposição 6.3

Em um triângulo retângulo hiperbólico ordinário ABC, temos senh c = senh a · cosh m e senh c = senh b · cosh n, sendo *m* e *n* tais que θ(m) = α e θ(n) = β.

Para a demonstração, caso o triângulo ABC seja um triângulo retângulo hiperbólico, teremos:

$$\cosh m = \operatorname{senh} c \cdot \operatorname{senh} a'$$
$$\cosh n = \operatorname{senh} c \cdot \operatorname{senh} b'$$
$$\cosh c = \operatorname{senh} m \cdot \operatorname{senh} n$$
$$\cosh a' = \operatorname{senh} m \cdot \operatorname{senh} b'$$
$$\cosh b' = \operatorname{senh} n \cdot \operatorname{senh} a'$$

Considerando que a' e b' são complementares de *a* e *b*, respectivamente, e que θ(m) = α e θ(n) = β.

6.5 Teorema de Pitágoras hiperbólico

Vamos considerar novamente o triângulo retângulo hiperbólico representado na Figura 6.5, de modo que $\gamma = \frac{\pi}{2}$. Dessa forma, o teorema de Pitágoras é definido conforme a Proposição 6.4, a seguir.

Proposição 6.4

Em um triângulo retângulo cuja hipotenusa mede *c* e cujos catetos medem *a* e *b*, cosh c = cosh a · cosh b.

Conforme as relações métricas definidas anteriormente para um triângulo retângulo hiperbólico, temos:

$$\cosh c = \operatorname{senh} m \cdot \operatorname{senh} n$$

$$\operatorname{senh} m = \frac{\cosh a'}{\operatorname{senh} b'}$$

$$\operatorname{senh} n = \frac{\cosh b'}{\operatorname{senh} a'}$$

Então:

$$\cosh c = \frac{\cosh a' \cdot \cosh b'}{\operatorname{senh} b' \cdot \operatorname{senh} a'}$$
$$\cosh c = \operatorname{cotgh} a' \cdot \operatorname{cotgh} b'$$

Sabendo que, se *a* e *b* têm a' e b' como complementares, temos:

$$\operatorname{senh} a \cdot \operatorname{senh} a' = 1$$

$$\cosh a = \operatorname{cotgh} a'$$

$$\operatorname{tgh} a = \operatorname{sech} a'$$
$$e^x = \operatorname{cotgh}\frac{a'}{2}$$

Então:

$$\cosh c = \cosh a \cdot \cosh b$$

Proposição 6.5

Se $\theta: \mathbb{R} \to \mathbb{R}$ e se $m \to \theta(m) = \beta$ é a função ângulo de paralelismo estendida a $\mathbb{R}$, então $\theta(m) = \arccos(\operatorname{tgh} m)$, ou seja, $\cosh \beta = \operatorname{tgh} m$.

Considere novamente a Figura 6.5 e observe que $\theta(-m) = \pi - \theta(m)$, para $a > 0$.

Proposição 6.6

Em um triângulo hiperbólico ordinário, temos $\dfrac{\operatorname{senh} a}{\operatorname{sech} m} = \dfrac{\operatorname{senh} b}{\operatorname{sech} n} = \dfrac{\operatorname{senh} c}{\operatorname{sech} o}$, sendo $\theta(m) = \alpha$, $\theta(n) = \beta$ e $\theta(o) = \gamma$.

Observe a Figura 6.6, a seguir, na qual temos o triângulo ABC, de altura h em relação ao vértice B e ângulos internos medindo α, β, γ com lados opostos a, b, c, respectivamente.

Figura 6.6 – Triângulo hiperbólico ordinário

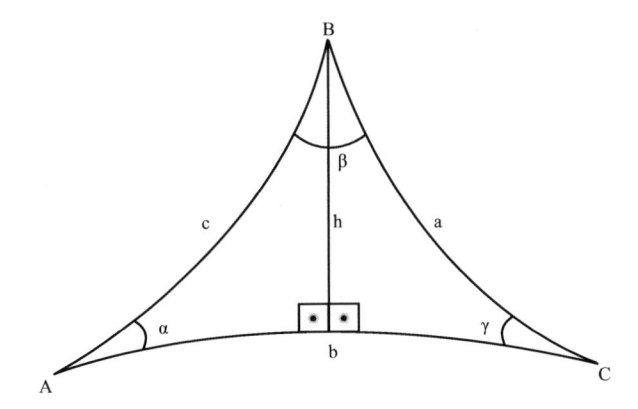

Pela Proposição 6.3, $\operatorname{senh} c = \operatorname{senh} h \cdot \cosh m$ e $\operatorname{senh} a = \operatorname{senh} h \cdot \cosh o$. Então:

$$\frac{\operatorname{senh} a}{\operatorname{senh} c} = \frac{\cosh o}{\cosh m} = \frac{\operatorname{sech} m}{\operatorname{sech} o}$$

Logo:

$$\frac{\operatorname{senh} a}{\operatorname{sech} m} = \frac{\operatorname{senh} c}{\operatorname{sech} o}$$

Por analogia:

$$\frac{\operatorname{senh} b}{\operatorname{sech} n} = \frac{\operatorname{senh} c}{\operatorname{sech} o}$$

6.6 Lei dos cossenos

Considerando a Figura 6.6, a lei dos cossenos pode ser definida de duas maneiras:

1.
$$\cosh a = \frac{\cos \beta \cdot \cos \gamma + \cos \alpha}{\operatorname{sen} \beta \cdot \operatorname{sen} \gamma}$$

$$\cosh b = \frac{\cos \alpha \cdot \cos \gamma + \cos \beta}{\operatorname{sen} \alpha \cdot \operatorname{sen} \gamma}$$

$$\cosh c = \frac{\cos \alpha \cdot \cos \beta + \cos \gamma}{\operatorname{sen} \alpha \cdot \operatorname{sen} \beta}$$

2.
$$\cosh a = \cosh b \cdot \cosh c - \operatorname{senh} b \cdot \operatorname{senh} c \cdot \cos \alpha$$

Por analogia:

$$\cosh b = \cosh a \cdot \cosh c - \operatorname{senh} a \cdot \operatorname{senh} c \cdot \cos \beta$$

$$\cosh c = \cosh a \cdot \cosh b - \operatorname{senh} a \cdot \operatorname{senh} b \cdot \cos \gamma$$

6.7 Lei dos senos

Considerando novamente a Figura 6.6, temos:

$$\frac{\operatorname{senh} a}{\operatorname{sen} \alpha} = \frac{\operatorname{senh} b}{\operatorname{sen} \beta} = \frac{\operatorname{senh} c}{\operatorname{sen} \gamma}$$

e

$$\text{sech } m = \text{tgh } m' = \cos \alpha', \text{ sendo } \theta(m') = \alpha' \text{ e } \theta(m) = \alpha$$

Sabemos que:

$$\theta(m) + \theta(m') = \frac{\pi}{2} \Rightarrow \alpha + \alpha' = \frac{\pi}{2} \Rightarrow \alpha' = \frac{\pi}{2} - \alpha$$

Assim:

$$\text{sech } m = \cos\left(\frac{\pi}{2} - \alpha\right) = \cos\left(\frac{\pi}{2}\right) \cdot \cos \alpha + \text{sen}\left(\frac{\pi}{2}\right) \cdot \text{sen } \alpha = \text{sen } \alpha$$

Logo:

$$\text{sech } m = \text{sen } \alpha$$

Por analogia:

$$\text{sech } n = \text{sen } \beta$$
$$\text{sech } o = \text{sen } \gamma$$

Exercícios resolvidos

1) Calcule a área de um triângulo retângulo hiperbólico ABC cujos catetos medem 6 e 8.

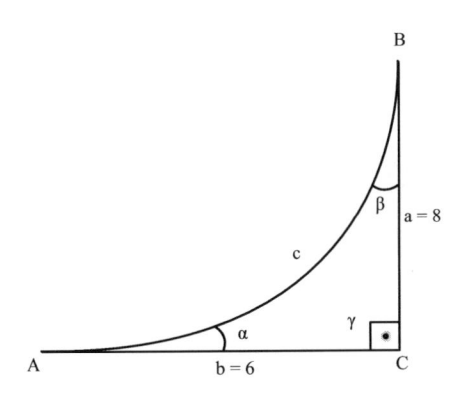

Sabemos que:

$\cosh c = \cosh a \cdot \cosh b$
$\cosh c = \cosh 6 \cdot \cosh 8$
$\cosh c = 201{,}7156361224559 \cdot 1490{,}479161252178$
$\cosh c = 300652{,}9521392476 \Rightarrow c = 13{,}306859$

Sabemos também que:

$$\frac{\operatorname{senh} a}{\operatorname{sen} \alpha} = \frac{\operatorname{senh} b}{\operatorname{sen} \beta} = \frac{\operatorname{senh} c}{\operatorname{sen} \gamma}$$

Então:

$$\frac{\operatorname{senh} 8}{\operatorname{sen} \alpha} = \frac{\operatorname{senh} 13{,}306859}{\operatorname{sen} \frac{\pi}{2}}$$

$$\frac{1490{,}47882578955}{\operatorname{sen} \alpha} = \frac{300652{,}9292380722}{1}$$

$$\operatorname{sen} \alpha = \frac{\operatorname{senh} 13{,}306859}{\operatorname{sen} \frac{\pi}{2}}$$

$$\operatorname{sen} \alpha = \frac{1490{,}47882578955}{300652{,}9292380722}$$

sen α = 0,004957473155398

α = 0,284043452329359° ou α = 0,004957493461879 rad

$$\frac{\operatorname{senh} b}{\operatorname{sen} \beta} = \frac{\operatorname{senh} c}{\operatorname{sen} \gamma}$$

$$\frac{\operatorname{senh} 6}{\operatorname{sen} \beta} = \frac{\operatorname{senh} 13{,}306859}{\operatorname{sen} \frac{\pi}{2}}$$

$$\frac{201{,}7131573702792}{\operatorname{sen} \beta} = \frac{300652{,}9292380722}{1}$$

$$\operatorname{sen} \beta = \frac{201{,}7131573702792}{300652{,}9292380722}$$

sen β = 0,000670916986844

β = 0,03844071463368° ou β = 0,000670917037177 rad

A área do triângulo ABC será igual a:

$$A(\Delta) = \pi - (\alpha + \beta + \gamma)$$

$$A(\Delta) = \pi - (\frac{\pi}{2} + 0{,}004957493461879 + 0{,}000670917037177)$$

$$A(\Delta) = 3{,}141592653589793 - (1{,}570796326794897 + 0{,}004957493461879 + \\ + 0{,}000670917037177)$$

$$A(\Delta) = 1{,}565167916295841 \text{ unidades de área}$$

2) Dois lados de um triângulo hiperbólico ABC medem 2 e 3, e o ângulo formado entre eles (γ) mede 20°. Calcule a medida do terceiro lado do triângulo e as medidas dos ângulos α e β.

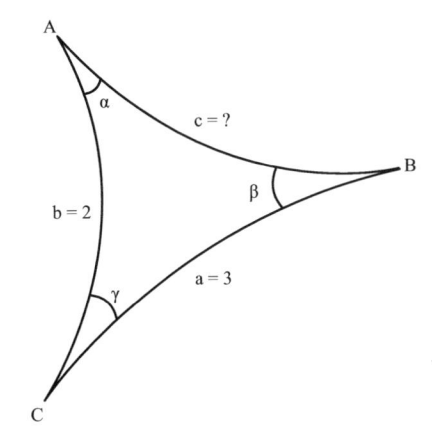

Sabemos que:

$$\cosh c = \cosh a \cdot \cosh b - \operatorname{senh} a \cdot \operatorname{senh} b \cdot \cos \gamma$$

$$\cosh c = \cosh 2 \cdot \cosh 3 - \operatorname{senh} 2 \cdot \operatorname{senh} 3 \cdot \cos 20°$$

$$\cosh c = 3{,}762195691083631 \cdot 10{,}06766199577777 - 3{,}626860407847019 \cdot \\ \cdot 10{,}0178749274099 \cdot 0{,}939692620785908$$

$$\cosh c = 37{,}87651457980156 - 34{,}14225976591586$$

$$\cosh c = 3{,}734254813885695$$

$$c = 1{,}99226517252798$$

Sabemos também que:

$$\frac{\operatorname{senh} a}{\operatorname{sen} \beta} = \frac{\operatorname{senh} c}{\operatorname{sen} \gamma}$$

Então:

$$\frac{\operatorname{senh} 3}{\operatorname{sen} \alpha} = \frac{\operatorname{senh} 1{,}99226517252798}{\operatorname{sen} 20°}$$

$$\frac{10{,}0178749274099}{\operatorname{sen} \alpha} = \frac{3{,}59786867673467}{0{,}342020143325669}$$

sen α = 0,952317976653053

α = 72,23537988066965°

$$\frac{\operatorname{senh} b}{\operatorname{sen} \beta} = \frac{\operatorname{senh} c}{\operatorname{sen} \gamma}$$

Assim:

$$\frac{\operatorname{senh} 2}{\operatorname{sen} \beta} = \frac{\operatorname{senh} 1{,}99226517252798}{\operatorname{sen} 20°}$$

$$\frac{3{,}626860407847019}{\operatorname{sen} \beta} = \frac{3{,}59786867673467}{0{,}342020143325669}$$

sen β = 0,34477615165205

β = 20,16813183451112°

3) Sabendo que os ângulos internos de um triângulo hiperbólico ABC medem 20°, 30° e 40°, respectivamente, quanto medem os lados opostos a esses ângulos?

Vamos considerar α = 20°, β = 30° e γ = 40°.

Sabemos que:

$$\cosh a = \frac{\cos \beta \cdot \cos \gamma + \cos \alpha}{\operatorname{sen} \beta \cdot \operatorname{sen} \gamma}$$

$$\cosh b = \frac{\cos \alpha \cdot \cos \gamma + \cos \beta}{\operatorname{sen} \alpha \cdot \operatorname{sen} \gamma}$$

$$\cosh c = \frac{\cos \alpha \cdot \cos \beta + \cos \gamma}{\operatorname{sen} \alpha \cdot \operatorname{sen} \beta}$$

$$\cosh a = \frac{\cos 30° \cdot \cos 40° + \cos 20°}{\operatorname{sen} 30° \cdot \operatorname{sen} 40°}$$

$$\cosh a = \frac{0{,}866025403784439 \cdot 0{,}766044443118978 + 0{,}939692620785908}{0{,}5 \cdot 0{,}64278709686539}$$

$$\cosh a = \frac{1{,}603106568954846}{0{,}32139380484327}$$

cosh a = 4,987982172638993

a = 2,289975464618521

$$\cosh b = \frac{\cos 20° \cdot \cos 40° + \cos 30°}{\operatorname{sen} 20° \cdot \operatorname{sen} 40°}$$

$$\cosh b = \frac{0{,}939692620785908 \cdot 0{,}766044443118978 + 0{,}866025403784439}{0{,}342020143325669 \cdot 0{,}64278709686539}$$

$$\cosh b = \frac{1{,}585871714177393}{0{,}219846134997791}$$

$\cosh b = 7{,}213577540446025$

$b = 2{,}664272808756185$

$$\cosh c = \frac{\cos 20° \cdot \cos 30° + \cos 40°}{\operatorname{sen} 20° \cdot \operatorname{sen} 30°}$$

$$\cosh c = \frac{0{,}939692620785908 \cdot 0{,}866025403784439 + 0{,}766044443118978}{0{,}342020143325669 \cdot 0{,}5}$$

$$\cosh c = \frac{1{,}530764119095667}{0{,}171010071662834}$$

$\cosh c = 8{,}951309734047386$

$c = 2{,}88181224866416$

Síntese

Neste capítulo, estudamos as funções seno, cosseno e tangente hiperbólico, aprendendo a deduzi-las. Estudamos também a trigonometria hiperbólica em triângulos retângulos e o teorema de Pitágoras hiperbólico e, finalmente, aprendemos a descrever as leis dos cossenos e dos senos.

Atividades de aprendizagem

1) Calcule a área de um triângulo retângulo hiperbólico ABC cujos catetos medem 3 e 4.

2) Dois lados de um triângulo hiperbólico ABC medem 2,0 e 2,3, e o ângulo formado entre eles (α) mede 45°. Calcule a medida do terceiro lado do triângulo e as medidas dos ângulos β e γ.

   Observação: trabalhe com 8 casas após a vírgula.

3) Sabendo que os ângulos internos de um triângulo hiperbólico ABC medem 25°, 35° e 45°, respectivamente, quanto medem os lados opostos a esses ângulos?

   Observação: trabalhe com 8 casas após a vírgula.

7 Métrica e isometria

Neste capítulo, introduziremos os conceitos de métrica e isometria da esfera, sem, neste momento, aprofundar-nos nessas temáticas, apenas dando a você, caro leitor, uma noção. Estudaremos o grupo geral de Möbius, as distâncias e a isometria no plano hiperbólico e os modelos de Poincaré e de Klein.

7.1 Métrica

Conforme Doria (2004, p. 20, grifo do original):

> Considerando que *geometria* significa medir a terra, [...] para medirmos precisamos da terra (espaço) e do conceito de medição (métrica). Portanto, geometria significa um par (Ω, g), onde Ω é um espaço e g é uma métrica riemanniana definida sobre Ω.
>
> Numa geometria (Ω, g), o conceito de reta é estendido para o conceito de geodésica. Portanto, as implicações dos Axiomas de Euclides não poderão mais ser consideradas. Por exemplo, o Axioma das Paralelas será modificado de acordo com a natureza das geodésicas da métrica utilizada. [...] na geometria esférica, por um ponto p não pertencente a uma geodésica l não passa nenhuma geodésica paralela à l, enquanto na geometria hiperbólica passam infinitas.

Notação

$\in$ – pertence.

Ainda de acordo com Doria (2004, p. 14-15, grifo do original):

a estrutura essencial é o de métrica riemanniana. Munidos com uma métrica, nós podemos determinar o comprimento de curvas e a área de regiões. [...] vejamos como isso funciona no R^2.

Em R^2, o produto interno euclidiano é definido da seguinte maneira: sejam $u = (u_1, u_2)$ e $v = (v_1, v_2)$, então

$$\langle u, v \rangle = u_1 v_1 + u_2 v_2$$

Desta forma, o produto interno acima define uma aplicação $\langle .,. \rangle: R^2 \times R^2 \to R$, satisfazendo as seguintes propriedades:

1. (positividade) para qualquer $u \in R^2$ temos que

$$\langle u, u \rangle \geq 0 \text{ e } \langle u, u \rangle = 0 \Leftrightarrow u = 0$$

2. (simetria) para todo $u, v \in R^2$ temos que $\langle u, v \rangle = \langle v, u \rangle$.

3. (bilinearidade) para quaisquer $\lambda_1, \lambda_2 \in R$ e $u, v, w \in R^2$ temos que

$$\langle \lambda_1 u + \lambda_2 v, w \rangle = \lambda_1 \langle u, w \rangle + \lambda_2 \langle v, w \rangle$$

No Capítulo 1, vimos que János Bolyai (1802-1860) e Nikolai Ivanovich Lobachevsky (1792-1856), por volta de 1830, publicaram trabalhos independentes sobre a geometria hiperbólica e que tais publicações foram reclamadas por Carl Friedrich Gauss (1777-1855), com quem ambos tinham ligação. Gauss declarou que Bolyai e Lobachevsky publicaram o que ele havia escrito e ainda não publicado (Rooney, 2012). Verificamos também que foi Georg Friedrich Bernhard Riemann (1826-1866) quem instituiu o conceito de espaço n-dimensional e usou o cálculo para proporcionar geodésicas a qualquer superfície curva.

Depois, no Capítulo 4, estudamos que a geodésica é o caminho mais curto entre dois pontos em um espaço tridimensional, ou seja, é o comprimento do menor arco de circunferência máxima que passa por dois pontos.

Segundo Doria (2004, p. 5, grifo do original):

> As técnicas desenvolvidas por Gauss consistiam em estudar as propriedades geométricas de uma superfície *X* com as ferramentas do Cálculo. Ele observou que o comprimento de uma curva, a área e a *curvatura* eram objetos geométricos *intrínsecos*, ou seja, dependiam apenas da métrica riemanniana. Além disto, estes são objetos invariantes por transformações do espaço que preservam a métrica riemanniana, denominados de *isometrias*. Em suma, a métrica riemanniana possibilita definir o comprimento de uma curva e a área de uma região contidas numa superfície.

Em 1828, Gauss publicou o trabalho *General Investigations of Curved Surfaces*, no qual, pioneiramente, empregou as ferramentas de cálculo integral e diferencial para descobrir objetos geométricos intrínsecos sobre as superfícies, sendo o principal deles a curvatura.

Ainda conforme Doria (2004, p. 5-6, grifo do original):

> Euclides considerou que os elementos primitivos da Geometria Euclidiana são *o ponto, a reta* e *o plano*. No conceito mais geral de geometria, os elementos primitivos são o espaço topológico, a estrutura diferençável e a métrica riemanniana. A partir da métrica, definimos uma geodésica como sendo a curva que minimiza a distância entre dois pontos. Assim, o conceito euclidiano de reta é substituído pelo de geodésica. Sobre a superfície da esfera não existem retas, mas dados dois pontos existe uma única geodésica ligando-os. Desta forma, um triângulo geodésico é formado pelas geodésicas que ligam 3 pontos que não se encontram sobre uma mesma geodésica.
>
> O estudo de Gauss culminou com o resultado, conhecido como forma local do teorema de Gauss-Bonnet, que a soma dos ângulos internos α, β, γ de um triângulo geodésico Δ é dado por
>
> $\alpha + \beta + \gamma = \pi + \int_\Delta K$, [em que] K é a curvatura de X
>
> Observamos que, quanto menor for o triângulo, mais próximo de π estará a soma dos ângulos internos do triângulo.
>
> Observando a fórmula [...] [anterior], é natural considerarmos as situações onde a curvatura *K* do espaço é constante. Nestes casos, a área do triângulo é:
>
> $K \cdot A(\Delta) = (\alpha + \beta + \gamma) - \pi$,
>
> da onde concluímos que,
>
> 1. $K = 0 \Rightarrow \alpha + \beta + \gamma = \pi$ (Geometria Euclidiana).
>
> 2. $K > 0 \Rightarrow \alpha + \beta + \gamma > \pi$, (Geometria Esférica).
>
> 3. $K < 0 \Rightarrow \alpha + \beta + \gamma < \pi$, (Geometria Hiperbólica).

7.2 Isometria

O primeiro passo para entender o significado de *isometria* é conhecer alguns conceitos fundamentais, começando pela definição de métrica. Uma *métrica* sobre um conjunto X é uma aplicação d : $X_x X \to R$ que verifique, para quaisquer x, y, z $\in$ X, as seguintes propriedades:

a) $d(x, y) \geq 0$ para todo $(x, y) \in X$;
b) $d(x, y) = 0$ se e somente se $x = y$;
c) $d(x, y) = d(y, x)$;
d) $d(x, z) \leq d(x, y) + d(y, z)$ (desigualdade triangular).

Notação
$\subset$ – está contido.

Assim, definimos *espaço métrico* como um par (X, d), sendo X um conjunto em que está definida uma distância d : $X_x X \to R$. Para quaisquer dois elementos $x_1, x_2 \in X$, o número $d(x_1, x_2)$ é denominado *distância de x_1 a x_2*. Dizemos que Y é um subespaço métrico de X quando $Y \subset X$ e d_Y é a métrica induzida por d_X, ou seja, $d_Y(y_1, y_2) = d_X(x_1, x_2)$ para quaisquer $(y_1, y_2) \in Y$.

Considerando um espaço métrico X, um ponto $x \in X$ e um raio $r > 0$, o subconjunto de X, representado por

- $B(x, r) = \{y \in X; d(x, y) < r\}$, é uma bola aberta;
- $B_X[x, r] = \{y \in X; d(x, y) \leq r\}$, é uma bola fechada;
- $S_X(x, r) = \{y \in X; d(x, y) = r\}$, é uma esfera de centro x e raio r.

Considerando um espaço métrico X, um subconjunto $Y \subset X$ é dito

- **aberto** em X se, para todo $y \in Y$, existe $r > 0$, tal que $B_X(y, r) \subset Y$;
- **fechado** em X se $X - Y$ é aberto em X;
- **limitado** se existe um ponto $x \in X$ e um raio $r > 0$, tais que $Y \subset B_X(x, r)$.

Uma **topologia** sobre um conjunto X é uma coleção τ de subconjuntos de X. Um **espaço topológico** é um par (X, τ), em que X é um conjunto e τ é uma topologia em X.

Sejam X e Y dois espaços topológicos e f : $X \to Y$ uma função, dizemos que f é contínua em $x_0 \in X$ quando:

$$\lim_{x \to x_0} f(x) = f(x_0)$$

Dizemos que uma função *f* é contínua quando o for em todos os pontos de seu domínio. Um **homeomorfismo** entre *X* e *Y* é uma bijeção contínua com inversa contínua. Quando um tal homeomorfismo existe, dizemos que *X* e *Y* são homeomorfos.

Uma aplicação f : X → Y é dita um homeomorfismo local quando, para todo ponto x ∈ X, existir um aberto *U* de *X* contendo *x*, tal que V = f(U) é um aberto de *Y* e a restrição f : U → V é um homeomorfismo.

Assim, conforme Rosado (2019, grifo nosso), "uma função f : X → Y é um **homeomorfismo** se ela é injetora, sobrejetora e contínua e possui inversa contínua. Quando tal função existe, dizemos que X e Y são homeomorfos".

Observe que, segundo Andrade (2020, p. 1), "O Teorema da Função Inversa diz basicamente que se f'(x_0) é invertível, então f é invertível em uma vizinhança de x_0".

Ainda de acordo com Andrade (2020, p. 2):

> Seja U ⊂ R^m um aberto. Dizemos que f : U ⊂ R^m → R^n é de classe C^1 em U se as derivadas parciais $\frac{df_i}{dx_j}$, [com] i = 1, 2, ..., n e j = 1, 2, ..., m, existem e são contínuas em U.
>
> [...] Sejam U e V abertos do R^n e f : U → V uma bijeção. Dizemos que f é um difeomorfismo se f e f^{-1} são diferenciáveis. Dizemos que f é um difeomorfismo de classe C^1 se f e f^{-1} são de classe C^1.

Notação

∀ – para todo, para qualquer;
| – tal que.

Considere dois espaços métricos *X* e *Y*. Dizemos que uma função f : X → Y preserva distância quando $d_Y(f(x), f(x')) = d_X(x, x')$, ∀x, x' ∈ X. Se, além de preservar distância, *f* for uma bijeção, diremos que *f* é uma isometria e que os espaços métricos *X* e *Y* são isométricos. O conjunto das isometrias de *X* em *Y* será denotado por *Isom(X, Y)* ou simplesmente por *Isom(X)*, quando X = Y. Assim:

a) Sejam $\Omega \subset R^2$ um subconjunto de R^2 e *g* uma métrica definida sobre Ω. Uma isometria é um difeomorfismo f : Ω → Ω, tal que para todo x ∈ Ω e u, v ∈ $T_x\Omega$ temos:

$$g(df_x \cdot u, df_x \cdot v)_{f(x)} = g(u, v)_x$$

b) O grupo de isometria de (Ω, g) é o conjunto:

$$\text{Isom}_g(\Omega) = \{f : \Omega \to \Omega \mid f \in \text{Dif}(\Omega)\}$$

No estudo da geometria, as transformações do espaço que preservam a distância são fundamentais e fazem parte da análise. Tais transformações são denominadas *isometrias*. Portanto, *isometria* é uma transformação geométrica que converte uma figura em outra geometricamente igual, alterando somente sua posição. As isometrias podem ser translações, rotações, reflexões e reflexões deslizantes (Barreto, 2013).

7.2.1 Permutação

Simplificadamente, dizemos que uma **permutação** ϕ do espaço euclidiano é chamada de *similaridade* se, para todos os pontos W, X, Y, Z, temos:

$$|W, X| = |Y, Z| \Leftrightarrow |\phi(w), \phi(x)| = |\phi(y), \phi(z)|$$

Dessa forma, a similaridade é uma permutação que preserva distâncias iguais.

Uma **permutação** ϕ do espaço euclidiano é chamada de *isometria* se, para todos os pontos W e X, temos:

$$|W, X| = |\phi(W), \phi(X)|$$

Por conseguinte, a isometria é uma permutação que preserva distâncias.

Proposição 7.1

Sejam M e N espaços métricos. Uma aplicação $f : M \to N$ chama-se *imersão isométrica* quando $d(f(x), f(y)) = d(x, y)$ para quaisquer $x, y \in N$.

Observe que f preserva distâncias quando é uma imersão isométrica, sendo também $f : M \to N$ sempre injetiva, pois:

$$f(x) = f(y) \Rightarrow d(x, y) = d(f(x), f(y)) = 0 \Rightarrow x = y$$

7.3 Isometrias da esfera

As isometrias da esfera S^2 são as transformações $TS^2 \to S^2$ que preservam as distâncias medidas da esfera. Uma transformação ortogonal de R^3, por definição, preserva o produto interior. Como a distância em S^2 definiu-se com o produto interior (é distância angular), também preserva distâncias, então sua restrição a S^2 é uma isometria.

Inversamente, se $T: S^2 \to S^2$ é uma isometria, queremos ver qual é a restrição de uma transformação ortogonal. Observe que, de acordo com Doria (2004, p. 34-35, grifo do original):

> A maneira mais natural de descrevermos os pontos do espaço é associarmos a cada ponto $p \in R^3$ uma tripla (x, y, z), denominadas coordenadas cartesianas de p. No entanto, nem sempre este é o melhor sistema de coordenadas para se estudar um determinado problema. Ao tratarmos de problemas sobre uma esfera [...] é mais natural associarmos a cada ponto $p = (x, y, z)$ do espaço uma tripla (ρ, θ, ψ), onde:
>
> ρ mede a distância de p à origem,
>
> θ é o ângulo, medido em radianos, entre a projeção do vetor $\vec{op}$ sobre o plano xy e o eixo x,
>
> ψ é o ângulo, medido em radianos, entre o vetor $\vec{op}$ e o eixo z.
>
> [...]
>
> Ao visarmos a classificação das isometrias de S^2, primeiramente, observamos que o conjunto das transformações lineares $T: R^3 \to R^3$ que preservam o produto interno euclidiano em R^3, isto é,
>
> $\langle T(u), T(v) \rangle = \langle u, v \rangle, \forall u, v \in R^3,$
>
> são isometrias de S^2, pois:
>
> 1. se $p \in S^2$, então $T(p) \in S^2$, uma vez que $|\vec{oT(p)}| = |\vec{op}| = 1$,
>
> 2. $dT_p : T_p S^2 \to T_{T(p)} S^2$ é dada por $dT_p \cdot u = T(u)$ e, por isto, preserva a métrica esférica,
>
> $g(dA_p.u, dA_p.v) = \langle dA_p.u, dA_p.v \rangle = \langle u, v \rangle = g(u, v).$
>
> Estas transformações lineares são isometrias de E^3 que, quando descritas com respeito a uma base ortonormal de R^3, as suas representações matriciais formam o grupo ortogonal
>
> $O_3 = \{A \in M_3(R) \mid A \cdot A^t = A^t \cdot A = I\}.$
>
> Portanto, segue que O_3 é um subgrupo de $Isom(S^2)$.

Sejam $u = T(x)$, $v = T(y)$ e $w = T(z)$. Como o triângulo canônico $e_1 e_2 e_3$ tem seus três lados de tamanho $\frac{\pi}{2}$ (igual a seus três ângulos) e T preserva distâncias, o triângulo u, v, w tem as mesmas caraterísticas, conforme ilustrado na Figura 7.1, a seguir.

Figura 7.1 – Isometria da esfera

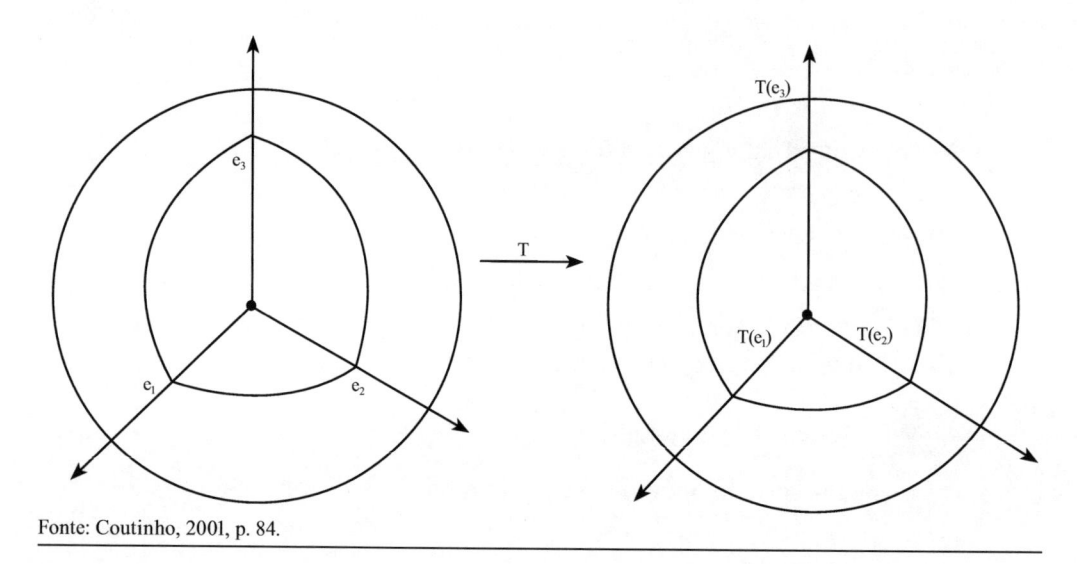

Fonte: Coutinho, 2001, p. 84.

Para $\vec{x} = (x, y, z) \in S^2$, temos $T(\vec{x}) = xu + yv + zw$, ou seja, se T é linear, então T será a restrição de uma transformação ortogonal.

Seja u, v, w uma base ortogonal de R^3. Então, para quaquer $\vec{x} \in R^3$, temos:

$$\vec{x} = (\vec{x} \cdot u) \cdot u + (\vec{x} \cdot v) \cdot v + (\vec{x} \cdot w) \cdot w$$

■ Demonstração

Para $\vec{x} = su + tv + rw$, temos:

$$\vec{x} = su + tv + rw \Rightarrow \vec{x} \cdot u = (su + tv + rw) \cdot u = s$$
$$\vec{x} = su + tv + rw \Rightarrow \vec{x} \cdot v = (su + tv + rw) \cdot v = t$$
$$\vec{x} = su + tv + rw \Rightarrow \vec{x} \cdot w = (su + tv + rw) \cdot w = r$$

Então:

$$\vec{x} = (\vec{x} \cdot u)u + (\vec{x} \cdot v)v + (\vec{x} \cdot w)w$$

Mas para $\vec{x}(x, y, z) \in S^2$ temos:

$$\vec{x} \cdot e_1 = \|\vec{x}\| \cdot \|e_1\| \cos(\angle(\vec{x}, e_1)) = \cos(d_{S2}(\vec{x}, e_1))$$

Por outro lado:

$$T(\vec{x}) \cdot u = \|T(\vec{x})\| \cdot \|T(e_1)\| \cos(\angle(T(\vec{x}), T(e_1))) = \cos(d_{S2}(T(\vec{x}), T(e_1)))$$

Como T é isometria:

$$d_{S2}(\vec{x}, e_1) = d_{S2}(T(\vec{x}), T(e_1)) \Rightarrow \cos(d_{S2}(\vec{x}, e_1)) = \cos(d_{S2}(T(\vec{x}), T(e_1)))$$

Portanto:

$$\vec{x} \cdot e_1 = T(\vec{x}) \cdot u$$

Por analogia:

$$\vec{x} \cdot e_2 = T(\vec{x}) \cdot v$$
$$\vec{x} \cdot e_3 = T(\vec{x}) \cdot w$$

Para $\vec{x}(x, y, z)$, também temos:

$$x = \vec{x} \cdot e_1,\ y = \vec{x} \cdot e_2,\ z = \vec{x} \cdot e_3$$

Logo:

$$T(\vec{x}) = \big(T(\vec{x}) \cdot u\big) \cdot u + \big(T(\vec{x}) \cdot v\big) \cdot v + \big(T(\vec{x}) \cdot w\big) \cdot w$$
$$T(\vec{x}) = (\vec{x} \cdot e_1) \cdot u + (\vec{x} \cdot e_2) \cdot v + (\vec{x} \cdot e_3) \cdot w = xu + yv + zw$$

Como queríamos demonstrar, toda isometria de S^2 é a restrição de uma transformação ortogonal de R^3. Como exemplos de isometrias da esfera, confira a Figura 7.2, a seguir.

Figura 7.2 – Exemplo de isometria da esfera

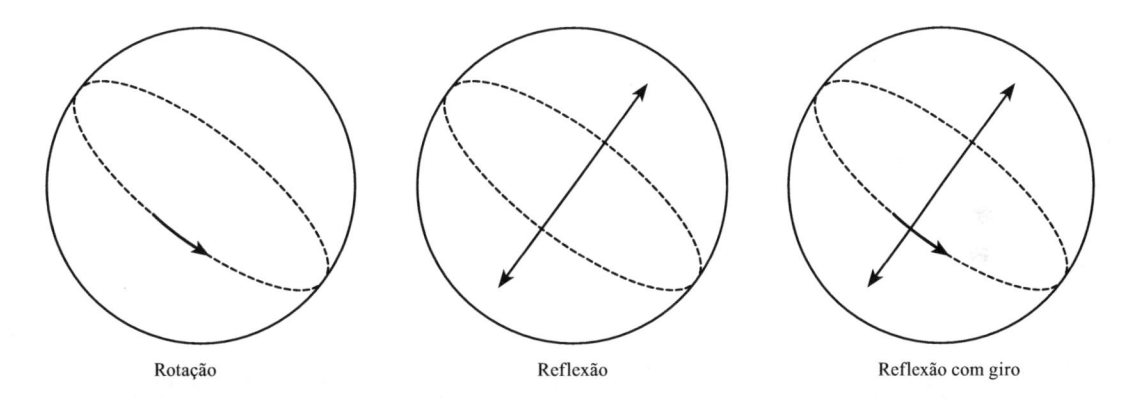

Rotação   Reflexão   Reflexão com giro

7.4 O grupo geral de Möbius

Conforme Beardon (1983), a esfera $S(a, r)$ em R^n é dada por:

$$S(a, r) = \{x \in R^n;\ |x - a| = r\},\text{ em que } r > 0 \text{ e } a \in R^n.$$

Já a inversão na esfera $S(a, r)$ é dada por:

$$\phi(x) = a + \left[\frac{r}{|x - a|}\right]^2 \cdot (x - a)$$

Já que ϕ não está definida para $x = a$, isso é recuperado adicionando-se a R^n um ponto extra, não pertencente a R^n, que chamamos ∞, formando, então, a união $\hat{R}^n = R^n \cup \{\infty\}$. Portanto, definindo $\phi(a) = \infty$ e $\phi(\infty) = a$, temos que ϕ é uma bijeção de $\hat{R}^n$ sobre si mesmo. Além disso, ϕ satisfaz $\phi^{-1} = \phi$.

Chamamos de *plano* (hiperplano) em R^n um conjunto da forma:

$$P(a, t) = x \in R^n ; \langle x, a \rangle = t$$

Por sua vez, a inversão no plano $P(a, t)$, $\Psi : \hat{R}^n \to \hat{R}^n$ representamos por:

$$\psi(x) = \begin{cases} x + 2(t - \langle x, a \rangle)^{a/|a|^2}, & \text{se } x \in R^n \\ \infty, & \text{se } x = \infty \end{cases}$$

Assim como ϕ, Ψ é uma bijeção de $\hat{R}^n$ em $\hat{R}^n$, satisfazendo $\Psi^{-1} = \Psi$.

Construímos em $\hat{R}^n$ uma métrica em que estão inversões contínuas. Essa métrica, chamada *métrica da corda*, é definida por:

$$d(x, y) = |\pi(\tilde{x}) - \pi(\tilde{y})|,$$

em que, dado $x = (x_1, x_2, ..., x_n) \in R^n$, escrevemos $\tilde{x} = (x_1, x_2, ..., x_n, 0) \in R^{n+1}$ e π é a projeção estereográfica de $\hat{R}^n$ sobre S^n.

Dados $x, y \in \hat{R}^n$ temos que:

$$d(x, y) = \begin{cases} \dfrac{2 \cdot |x - y|}{(1 + |x|^2)^{\frac{1}{2}} \cdot (1 + |y|^2)^{\frac{1}{2}}}, & \text{se } x, y \neq \infty \\ \dfrac{2}{1 + |x|^2}, & \text{se } x = \infty \end{cases}$$

Proposição 7.2

Toda isometria euclidiana de R^n é uma transformação de Möbius, sendo uma composição de no máximo $n + 1$ inversões.

....

Uma função $\phi : R^n \to R^n$ é uma simetria euclidiana se e somente se for da forma $\phi(x) = Ax + x_0$, em que A é uma matriz ortogonal e $x_0 \in R^n$.

7.5 Distâncias no plano hiperbólico

O plano hiperbólico, apesar de fazer parte da Geometria Não Euclidiana, é muito semelhante ao plano euclidiano. Sejam C o plano complexo, H o semiplano superior complexo e $z = x + iy \in C$ o número complexo, no qual representamos a parte real por Re $(z) = x$ e a parte imaginária por I $(z) = y$. O semiplano H = $\{z \in C : \text{Im}(z) > 0\}$, equipado com a métrica $ds = \dfrac{\sqrt{dx^2 + dy^2}}{y}$, torna-se um modelo do plano hiperbólico ou plano de Lobachevsky.

No caso da geometria hiperbólica plana, como deveremos medir a distância entre dois pontos no plano hiperbólico, ou seja, no plano H^2? Qual métrica hiperbólica utilizar?

Sabemos que, dados dois pontos em H^2, existe uma única geodésica ligando-os. Assim, é preciso obter a expressão que nos permite calcular a distância entre esses dois pontos de H^2.

Sejam p e q dois pontos de H^2 cujas representações, como números complexos, são z e w, respectivamente. Vamos considerar que $g : H^2 \to H^2$ é uma isometria e que I(z) é a parte imaginária de z. Então:

$$\frac{|g(z) - g(w)|}{\left[I(g(z)) \cdot I(g(w))\right]^{\frac{1}{2}}} = \frac{|z - w|}{(I(z) \cdot I(w))^{\frac{1}{2}}}$$

■ Demonstração

Podemos verificar diretamente que:

$$g(z) - g(w) = \frac{az + b}{cz + d} - \frac{aw + b}{cw + d} = \frac{z - w}{(cz + d) \cdot (cw + d)}$$

Também temos que:

$$I(g(z)) = \frac{I(z)}{|cz + d|^2}$$

O que nos permite observar que:

$$\frac{|g(z) - g(w)|}{\left[I(g(z)) \cdot I(g(w))\right]^{\frac{1}{2}}} = \frac{|z - w|}{\left[I(z) \cdot I(w)\right]^{\frac{1}{2}}}$$

Lembre-se de que, geometricamente, representamos um número complexo $z = x + iy \in C$ como ilustrado no Gráfico 7.1, a seguir.

Gráfico 7.1 – Representação geométrica do número complexo z = x + yi

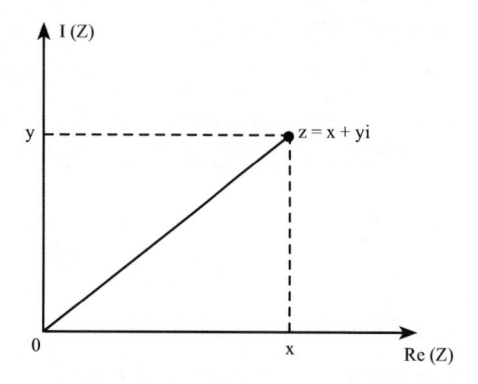

Lembre-se, ainda, de que o módulo de um número completo z = x + yi é igual à distância do ponto z à origem de coordenadas (0, 0). Então:

$$|z| = \sqrt{x^2 + y^2}$$

ou

$$|z| = \sqrt{Re(z)^2 + (z)^2}$$

Assim:

$$|z_1 + z_2| \leq |z_1| + |z_2|, \forall\ z_1, z_2 \in C$$

Finalmente, vamos recordar que o conjugado de um número complexo z = (x, y) = x + yi, que representamos por $\bar{z}$, é também um número complexo, representado como no Gráfico 7.2.

Gráfico 7.2 – Número complexo z e seu conjugado $\bar{z}$

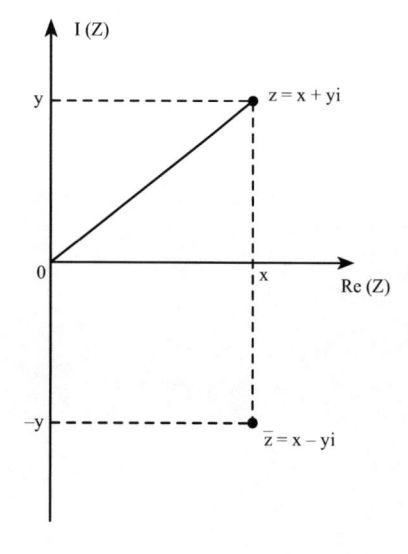

Proposição 7.3

Sejam p e q dois pontos pertencentes a H^2, cujas representações como números complexos sejam z e w, respectivamente. A distância entre os pontos p e q em H^2 é:

$$d_{H^2}(p,q) = \ln\left(\frac{|z-\bar{w}|}{|z-\bar{w}|} + \frac{|z-w|}{|z-w|}\right)$$

Quando $p = (0, a) = ia$ e $q = (0, b) = ib$, com $a < b$, temos $d_{H^2}(p,q) = \ln\left(\frac{b}{a}\right)$. Então:

$$d = d(p,q) \text{ implica em } e^d = \frac{b}{a} \text{ e } e^{-d} = \frac{a}{b}$$

Em consequência:

$$\cosh(d) = \frac{1}{2}\left(\frac{b}{a} + \frac{a}{b}\right) = 1 + \frac{1}{2}\cdot\left(\frac{|z-w|^2}{I(z)\cdot I(w)}\right)$$

Sejam agora p e q dois pontos quaisquer em H^2 representados por $z, w \in \mathbb{C}$, respectivamente, e seja $g \in \text{Isom}^+(H^2)$, de tal forma que $g(z)$ e $g(w)$ pertençam a uma reta vertical. Então:

$$\cosh(d(p,q)) = 1 + \frac{1}{2}\cdot\left(\frac{|z-w|^2}{I(z)\cdot I(w)}\right)$$

Da identidade $\cosh(d) = 1 + 2\cdot\text{senh}^2\left(\frac{d}{2}\right)$ temos:

$$\text{senh}\left(\frac{d}{2}\right) = \frac{1}{2}\cdot\left(\frac{|z-w|^2}{I(z)\cdot I(w)^{\frac{1}{2}}}\right)$$

Da identidade $\cosh(d) = 2\cdot\cosh^2\left(\frac{d}{2}\right) - 1$, temos:

$$\cosh^2\left(\frac{d}{2}\right) = \frac{|z-\bar{w}|}{2\cdot(I(z)\cdot I(w))^{\frac{1}{2}}}, \quad |z-\bar{w}| = |\bar{z}-w|$$

Portanto:

$$\text{tgh}\left(\frac{d}{2}\right) = \frac{|z-w|}{|z-\bar{w}|}$$

Sabemos que:

$$\text{tgh}\left(\frac{d}{2}\right) = \frac{e^d - 1}{e^d + 1}$$

Então:

$$e^d = \frac{|z - \bar{w}| + |z - w|}{|z - \bar{w}| - |z - w|}$$

Ou seja:

$$d = \ln\left(\frac{|z - \bar{w}| + |z - w|}{|z - \bar{w}| - |z - w|}\right)$$

A distância d entre duas retas v, w $\in$ H² é dada por:

$$\cosh^2(d) = \frac{\langle v, w \rangle \langle w, v \rangle}{\langle v, v \rangle \langle w, w \rangle}$$

Observe que a função cosh (x) só é definida para x ≥ 1. Logo, precisamos garantir que $\sqrt{\frac{\langle v, w \rangle \langle w, v \rangle}{\langle v, v \rangle \langle w, w \rangle}}$ exista, ou seja, $\frac{\langle v, w \rangle \langle w, v \rangle}{\langle v, v \rangle \langle w, w \rangle} \geq 1$.

Vale a pena recordarmos que o produto escalar entre dois vetores dados $\vec{v}(x_1, y_1, z_1)$ e $\vec{w}(x_2, y_2, z_2)$ tem como resultado um escalar, ou seja, um número real. Assim, temos:

$$\vec{u} \cdot \vec{w} = (x_1, y_1, z_1) \cdot (x_2, y_2, z_2) = (x_1 \cdot x_2 + y_1 \cdot y_2 + z_1 \cdot z_2)$$

••

Vamos analisar o Exercício resolvido, a seguir.

Exercício resolvido

Calcule a distância entre as retas $v = x - \sqrt{3}z$ e $w = -x + \sqrt{3}z$. Tome os vetores $\vec{v} = (1, 0, -\sqrt{3})$ e $\vec{w} = (-1, 0, \sqrt{3})$ diretores de $\vec{v}$ e $\vec{w}$, respectivamente.

A distância entre as retas v e w é dada por:

$$\cosh^2(d) = \frac{\langle v, w \rangle \langle w, v \rangle}{\langle v, v \rangle \langle w, w \rangle}$$

$$\cosh^2(d) = \frac{\left[1 \cdot (-1) + 0 \cdot 0 + (-\sqrt{3}) \cdot \sqrt{3}\right] \cdot \left[(-1) \cdot 1 + 0 \cdot 0 + \sqrt{3} \cdot (-\sqrt{3})\right]}{\left[1 \cdot 1 + 0 \cdot 0 + (-\sqrt{3}) \cdot (-\sqrt{3})\right] \cdot \left[(-1) \cdot (-1) + 0 \cdot 0 + \sqrt{3} \cdot \sqrt{3}\right]}$$

$$\cosh^2(d) = \frac{(-1 + 0 - 3) \cdot (-1 + 0 - 3)}{(1 + 0 + 3) \cdot (1 + 0 + 3)}$$

$$\cosh^2(d) = \frac{16}{16}$$

$$\cosh^2(d) = 1$$
$$\cosh(d) = 1$$
$$d = 0$$

Seja $J \subseteq R$ um intervalo e X um espaço métrico. Uma curva $\gamma : J \to X$ é designada *curva geodésica* se cada ponto $c \in J$ tem uma vizinhança $U \subset J$, tal que a restrição de $\gamma : U \to X$ preserve distâncias. A distância hiperbólica $\rho(z, w) = \inf h(\gamma)$, em que o ínfimo é tomado sobre todo γ que une z a w em H. Como ρ é não negativa, simétrica e satisfaz a desigualdade triangular, $\rho(z, w) \leq \rho(z, \varepsilon) + \rho(\varepsilon, w)$, sendo ela uma função distância em H.

Proposição 7.4

As imagens de geodésicas de H^2 estão contidas nas retas verticais e nos círculos centrados no eixo OX. Por outro lado, todo segmento de reta vertical ou arco de circunferência centrado no eixo OX é imagem de uma geodésica minimizante.

....

Assim como ocorre no plano euclidiano, não existem geodésicas fechadas, pois todas são minimizantes e quaisquer dois pontos distintos de H^2 podem ser ligados por uma e somente uma geodésica.

Proposição 7.5

Seja $f : H^2 \to H^2$ uma isometria de H^2. Se f preserva orientação, isto é, se $f \in \text{Isom}^+(H^2)$, então existem a, b, c, d $\in$ R, tais que $ad - bc = 1$ e $f(z) = f(z) = \dfrac{(az + b)}{(cz + d')}$ $\forall z \in H^2$. Se f inverte orientação, isto é, se $f \in \text{Isom}^-(H^2)$, então existem a, b, c, d $\in$ R, tais que $ad - bc = 1$ e $f(z) = \dfrac{(-az + b)}{(-cz + d')}$ $\forall z \in H^2$.

....

Observe que as isometrias hiperbólicas são as únicas isometrias positivas de H^2 que deixam uma única geodésica invariante. Por outro lado, toda reflexão deixa uma única geodésica fixa. Essas geodésicas distinguidas serão denominadas *eixos* dessas isometrias.

O que é

Um espaço de Hausdorff, também conhecido como *espaço separado*, é um espaço topológico no qual quaisquer dois pontos distintos têm vizinhanças disjuntas.

Uma superfície S é um espaço topológico conexo de Hausdorff com uma coleção de transformações (φ_j, N_j), tal que:

a) os conjuntos N_j formam uma cobertura aberta de S;
b) φ é um homeomorfismo de N_j em $\varphi_j(N_j)$, em que é um subconjunto aberto do plano complexo C.

Uma superfície R é uma superfície de Riemann se, além das condições anteriores, tivermos:

$$\varphi_i \varphi_j^{-1} : \varphi_j (N_i \cap N_j) \to C,$$

sendo uma função analítica complexa sempre que $N_i \cap N_j \neq 0$.

Cabe, aqui, ressaltar que Hausdorff foi um matemático alemão que introduziu a ideia de dimensão fractal, na qual estudamos a dimensão de objetos por meio de suas subdivisões. Assim, se um objeto foi dividido em N partes e se r for o fator de redução, temos $N = \dfrac{1}{r^D}$, sendo D a dimensão de um objeto da Geometria Euclidiana.

Como exemplo, pense em um segmento de reta que vamos dividir em 5 partes iguais. Desse modo, vamos ter $N = 5$ e $r = \dfrac{1}{5}$, ou seja, $5 = \dfrac{1}{\left(\dfrac{1}{5}\right)^1}$. Logo, a dimensão de um segmento é $D = 1$, quer dizer, o expoente de r.

Agora, como outro exemplo, suponha um retângulo que vamos dividir em 16 retângulos menores, de maneira que os retângulos menores tenham lado igual a $\dfrac{1}{4}$ do lado inicial. Desse modo, vamos ter $N = 16$ e $r = \dfrac{1}{4}$, ou seja, $16 = \dfrac{1}{\left(\dfrac{1}{4}\right)^2}$. Logo, a dimensão de um retângulo é $D = 2$, isto é, o expoente de r.

Resumidamente, a *dimensão fractal* é o espaço que um objeto ocupa dentro do local onde ele está inserido.

Observe que:

$$N = \frac{1}{r^D} = \left(\frac{1}{r}\right)^D$$

Então:

$$\log N = \log\left(\frac{1}{r}\right)^D \Rightarrow \log N = D \cdot \log\left(\frac{1}{r}\right) \Rightarrow D = \frac{\log N}{\log\left(\dfrac{1}{r}\right)}$$

Essa é, intuitivamente, a dimensão de um objeto na dimensão de Hausdorff. Já o estudo dos fractais não fará parte desta obra.

7.6 Isometrias no plano hiperbólico

Temos três classes de isometrias conformes do plano hiperbólico H: (1) as hiperbólicas, (2) as parabólicas e (3) as elípticas, todas definidas em relação aos pontos fixos. De acordo com Cabral (2019, p. 18):

> devemos evitar referir-nos a uma isometria do plano hiperbólico [...] como sendo apenas uma isometria hiperbólica, visto poder haver uma certa ambiguidade no sentido da frase.
>
> Uma transformação de Möbius pode ser representada (a menos de um fator ±1) por uma matriz 2 × 2 de determinante 1, e cada matriz desse gênero determina uma transformação de Möbius. Assim, de um ponto de vista algébrico, podemos considerar as isometrias do plano hiperbólico como sendo matrizes do tipo 2 × 2. Em particular, o grupo das isometrias conformes do modelo $\mathcal{H}$ é SL(2, R)/{± I}.

Se considerarmos um grupo de matrizes reais $g = \begin{bmatrix} a & b \\ c & d \end{bmatrix}$, com det(g) = ad − bc = 1, vamos chamar o traço da matriz g de $tr(g) = a + d$. Tal grupo é chamado de *unimodular* e denotado por *SL(2, R)*. Segundo Cabral (2019, p. 19-20):

> Uma isometria g de H pode ser classificada em termos do traço da sua matriz, da seguinte forma:
>
> (a) g é hiperbólica se e só se tr(g) > 2;
>
> (b) g é elíptica se e só se 0 ≤ tr(g) < 2;
>
> (c) g é parabólica, ou a identidade I, se e só se |tr(g)| = 2.
>
> [...]
>
> Primeiro vamos descrever o que entendemos por reflexão ao longo de uma circunferência euclidiana. Dada uma circunferência euclidiana C (ou uma linha reta) temos a noção de pontos opostos [z e z'] em relação a esta circunferência. Preferimos a definição geométrica destes pontos, de forma a que digamos que z e z' são opostos se e só se cada circunferência euclidiana que passe por estes [pontos] seja ortogonal a C. A transformação z → z' é uma involução, isto é, (z')' = z e [...] Esta transformação é uma reflexão ao longo de C. Note-se que, como as transformações de Möbius transformam

circunferências em circunferências e preservam a ortogonalidade, é verdade que, se z e z' são pontos opostos em relação a C, então para toda a transformação de Möbius g, os pontos g(z) e g(z') são pontos opostos em relação a g(C). Note-se também que se C é a circunferência dada por |z| = r, então a reflexão ao longo de C é a transformação

$$z \to \frac{r^2}{\overline{z}^2}$$

Anteriormente, definimos *geodesia* como a ciência "que se ocupa da determinação das dimensões e forma da Terra, seu campo gravitacional, locação de pontos fixos e sistemas de coordenadas, ou de uma parte de sua superfície" (Houaiss; Villar, 2009). Agora, é necessário compreender o conceito de geodesia hiperbólica.

Vimos que as transformações do espaço que preservam a distância são denominadas *isometrias*, as quais podem ser translações, rotações, reflexões e reflexões deslizantes. Esses conceitos são importantes para entendermos como ocorre a reflexão ao longo de uma geodésica hiperbólica γ.

De acordo com Cabral (2019, p. 20-21):

> A reflexão ao longo de uma geodésica hiperbólica γ é, por definição, a reflexão ao longo da única circunferência euclidiana que contém γ. Como exemplos, se H = U e γ é o diâmetro real (–1, 1), então a reflexão ao longo de γ é a transformação $z \to \overline{z}$; se H = $\mathcal{H}$ e γ é a geodésica que está no eixo imaginário, então a reflexão ao longo de γ é dada por $z \to -\overline{z}$.

> Da descrição anterior, verifica-se que a reflexão ao longo de uma geodésica é uma isometria anticonforme de H; e a composição de duas reflexões é uma isometria conforme.

> Finalmente, se g é uma reflexão ao longo de γ, dizemos que γ é o eixo de g, que não é mais do que o conjunto dos pontos fixos de g. Dada uma geodésica γ em H vamos denotar por Rγ a reflexão ao longo de γ.

> [...]

> Uma isometria hiperbólica move os pontos ao longo de uma família de hiperciclos, incluindo o eixo da translação, de um ponto fixo α ao outro ponto fixo β.

> Vamos considerar duas geodésicas α e β em $\mathcal{H}$ dadas pelas circunferências $|z| = r_\alpha$ e $|z| = r_\beta$, respectivamente. Então R_α e R_β podem ser encontradas por $z \to \dfrac{r^2}{\overline{z}^2}$, e vemos que

$$R_\alpha \circ R_\beta = \left(\frac{r_\beta}{r_\alpha}\right)^2 z$$

que é da forma $z \to kz$. Esta é uma isometria hiperbólica com o eixo ao longo do eixo imaginário (que é a única circunferência euclidiana que é ortogonal a α e a β). Além do mais, se z está neste eixo, então:

$$\rho(R_\alpha R_\beta(z), z) = 2 \log\left(\frac{r_\beta}{r_\alpha}\right) = 2\text{dist}(\alpha, \beta)$$

onde dist(α, β) é a distância hiperbólica "mais curta" entre as geodésicas α e β.

Observe a Figura 7.3, a seguir.

Figura 7.3 – Isometria hiperbólica: uma translação

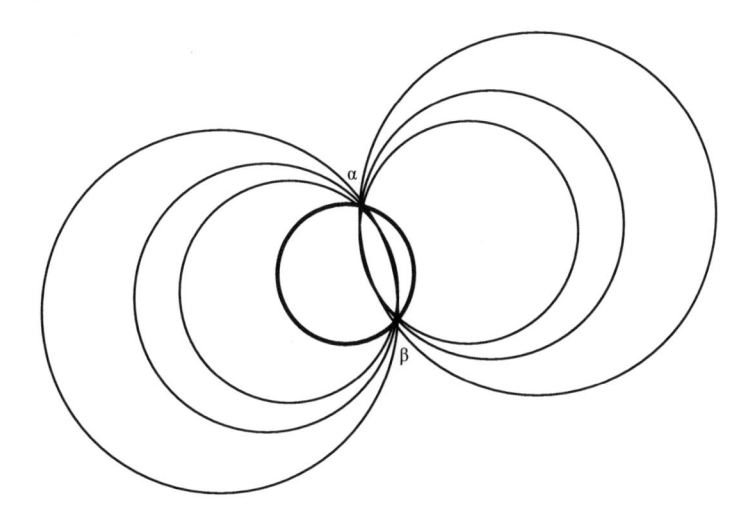

Fonte: Cabral, 2019, p. 21.

7.7 Modelo de Poincaré

No Capítulo 2, vimos que, no modelo do disco de Poincaré, o plano hiperbólico é definido por meio da região convexa limitada por uma circunferência, região esta que denominamos *disco*. Os pontos internos a essa circunferência são denominados *pontos do plano hiperbólico*, e os pontos que pertencem à circunferência são denominados *pontos ideais* ou *horizonte hiperbólico*; os arcos de circunferência ortogonais ao disco são considerados *retas hiperbólicas.* Foi assim que Henri Poincaré (1854-1912) construiu um modelo geométrico ilustrando que por um ponto *P* fora de uma reta *r* passam infinitas retas paralelas a *r*. Verificamos também que a distância entre dois pontos (*A* e *B*) no disco de Poincaré é dada pela seguinte fórmula:

$$d(A, B) = \left| \ln \frac{AP \cdot BQ}{BP \cdot AQ} \right|$$

Ainda no Capítulo 2, estudamos que o plano da geometria hiperbólica (plano hiperbólico) é:

$$H = \left\{ (x, y) \in \frac{R^2}{y} > 0 \right\}$$

E vimos que, nesse plano, há dois tipos de retas:

1. $r_a = \{(a, y) \mid y > 0\}$, com $a \in R$;
2. $r_{c,r} = \{(x, y) \in R^2 \mid (x - c)^2 + y^2 = r^2\}$, com $c \in R$ e $r > 0$, sendo c = centro e r = raio.

Agora, veremos que, no modelo de Poincaré, em que $H^2 = \{z \in C : |z| < 1\}$, medimos a distância entre um ponto *A* e um ponto *B* pela seguinte fórmula:

$$\cosh^2\left(\frac{1}{2} \cdot d(A, B)\right) = \frac{|1 - AB|^2}{(1 - |A|^2) \cdot (1 - |B|^2)}$$

Já o plano da geometria hiperbólica é o conjunto $H^2 = \{z \in C : \text{Im}(z) > 0\}$ e, nesse caso, também temos dois tipos de retas, a saber:

1. $r_a = \{(a, y) : y > 0\}$, com $(x, y) \in C$;
2. $r_{p,\rho} = \{(x, y) \in C \mid (x - p)^2 + y^2 = \rho^2\}$, com $p \in R$ e $\rho \rangle 0$.

No modelo de Poincaré, a métrica entre dois pontos *A* e *B* pode ser encontrada por meio da seguinte fórmula:

$$\cosh^2\left(\frac{1}{2} \cdot d(A, B)\right) = \frac{|A - \overline{B}|^2}{2 \cdot I(A) \cdot I(B)}$$

7.7.1 Extensão de Poincaré

Para trabalhar a extensão de Poincaré, confira a Proposição 7.6, a seguir.

Proposição 7.6

"Seja Σ uma esfera e σ a inversão em Σ. Se ϕ é uma transformação de Möbius que fixa os pontos de Σ, isto é, $\phi(x) = x$, $\forall x \in \Sigma$, então ou $\phi = \sigma$ ou $\phi = \text{Id}$" (Paula, 2013, p. 11).

Conforme aponta Paula (2013, p. 12-13):

> Poincaré notou que toda transformação de Möbius ϕ agindo em $\hat{R}^n$ possui uma extensão natural $\tilde{\phi}$ agindo em $\hat{R}^{n+1}$ e, assim, podemos enxergar $GM(\hat{R}^n)$ como um subgrupo de $GM(\hat{R}^{n+1})$. Basta para isto considerarmos a imersão $x = (x_1, ..., x_n) \to \tilde{x} = (x_1, ..., x_n, 0)$. Esta extensão age da seguinte forma:
>
> - Se ϕ é a inversão em $S(a, r)$, então $\tilde{\phi}$ é a inversão em $S(\tilde{a}, r)$;
> - Se Ψ é a inversão em $P(a, t)$, então $\tilde{\Psi}$ é a inversão em $P(\tilde{a}, t)$;
> - Para toda transformação de Möbius ϕ, tem-se: $\tilde{\phi}(x, 0) = (\phi(x), 0)$.
>
> Isto é, se $x = (x_1, ..., x_n) \in \hat{R}^n$ e $y = \phi(x)$, então
>
> $$\tilde{\phi}(\tilde{x}) = \tilde{\phi}(x_1, ..., x_n, 0) = (y_1, ..., y_n, 0) = \tilde{y} := \widetilde{\phi(x)}$$
>
> Note que $\tilde{\phi}$ deixa invariante o plano $x_{n+1} = 0$, bem como os semiespaços $\{x_{n+1} > 0\}$ e $\{x_{n+1} < 0\}$.
>
> Como toda transformação de Möbius ϕ agindo em $\hat{R}^n$ é a composição de um número finito de inversões, digamos $\phi = \phi_1, ... \phi_m$, existe pelo menos uma transformação $\tilde{\phi} = \tilde{\phi}_1, ... \tilde{\phi}_m$ que estende a ação de ϕ a $\hat{R}^{n+1}$ da forma descrita acima e que preserva
>
> $$H^{n+1} = \{(x_1, ..., x_{n+1}); x_{n+1} > 0\}.$$
>
> Na verdade, podemos ver que $\tilde{\phi}$ é única com essa propriedade. De fato, se Ψ_1 e Ψ_2 são duas dessas extensões, então $\Psi_2^{-1} \circ \Psi_1$ preserva H^2 e fixa cada ponto de sua fronteira. Como consequência [...] [da Proposição 7.6], $\Psi_1 = \Psi_2$.
>
> Denominamos $\tilde{\phi}$ por Extensão de Poincaré de ϕ e temos que $\sim$ é um isomorfismo de $GM(\hat{R}^n)$ sobre sua imagem $GM(\hat{R}^{n+1})$.

Nosso primeiro modelo para o espaço hiperbólico é H^{n+1}, munido da métrica ρ, dada por:

$$\cosh(\rho(x, y)) = 1 + \frac{|x - y|^2}{2x_{n+1}y_{n+1}}.$$

7.8 Modelo de Beltrami-Klein

No Capítulo 2, ainda vimos que Klein apresentou um modelo plano para a geometria hiperbólica, tomando, em um plano euclidiano, um círculo e considerando somente a região interna desse círculo. Tal região foi denominada *plano de Lobachevsky*. Assim, as retas do plano de Lobachevsky são cordas do círculo, excluindo suas extremidades.

Agora, veremos que, no modelo de Beltrami-Klein, a distância entre dois pontos A e B é dada pela seguinte fórmula:

$$d(A, B) = \frac{1}{2}\log\left(\frac{\overline{AP}}{\overline{BP}} \cdot \frac{\overline{BQ}}{\overline{AQ}}\right)$$

Observe a Figura 7.4, a seguir.

Figura 7.4 – Métrica no modelo de Beltrami-Klein

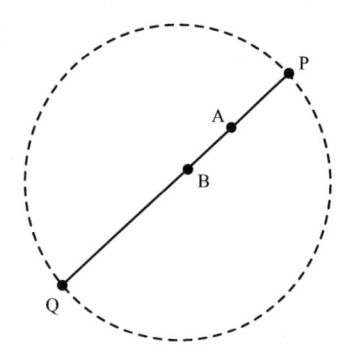

Assim, é possível verificar que, se A se aproxima da fronteira da circunferência, $d(A, B) \to \infty$.

Convém relembrar, porém, que a fronteira não pertence ao plano hiperbólico, razão pela qual o círculo está representado na Figura 7.4 com um pontilhado. Observe também que a noção de distância é diferente daquela apresentada no modelo de Poincaré.

Síntese

Neste último capítulo, introduzimos os conceitos de métrica e isometria, considerando que a geometria é a ciência que mede a Terra. Concluímos que, para realizar essa medição, precisamos da terra (espaço) e do conceito de medição (métrica). No estudo da geometria, as transformações do espaço que preservam a distância são fundamentais e fazem parte da análise; tais transformações são denominadas *isometrias*. Ainda, descrevemos o que é isometria e estudamos a isometria na esfera. Na sequência, vimos o grupo geral de Möbius e aprendemos a determinar distâncias no plano hiperbólico, além de descrever a isometria no plano hiperbólico. Estudamos também os modelos de Poincaré e de Klein.

Atividades de aprendizagem

1) Calcule a distância entre as retas $v = x - \sqrt{2}\,z$ e $w = -x + \sqrt{2}\,z$. Tome os vetores $\vec{v} = (1, 0, -\sqrt{2})$ e $\vec{w} = (-1, 0, \sqrt{2})$ diretores de $\vec{v}$ e $\vec{w}$, respectivamente.

2) A dimensão de um objeto pode ser estudada por meio das subdivisões dele. Considerando que um objeto possa ser dividido em N partes e que r é o fator de redução para dividir um quadrado em 32 quadrados menores, de modo que esses quadrados menores tenham lado igual a $\dfrac{1}{2}$ do lado inicial, determine a dimensão (D) do quadrado.

Considerações finais

Ao iniciarmos esta obra, vimos que axiomas e postulados são proposições aceitas como verdadeiras sem demonstração e que servem de base para o desenvolvimento de uma teoria. Temos, por exemplo, como axioma fundamental que "existem infinitos pontos, retas e planos", e como postulado sobre pontos e retas que "a reta é infinita, ou seja, contém infinitos pontos" (Só matemática, 2019).

Estudamos, na sequência, a geometria hiperbólica, também conhecida como *geometria Lobachevskyana*, uma das Geometrias Não Euclidianas, e a geometria esférica ou elíptica, que nos permitiu realizar um estudo geométrico em superfícies esféricas, nas quais a Geometria Euclidiana não pode ser usada com precisão. Ao passo que "a geometria esférica pode ser visualizada em duas dimensões, através da superfície de uma esfera (ou elipsoide) com curvatura positiva", a geometria hiperbólica é "representada por uma superfície com curvatura negativa" (Caratsoris, 2009).

Especial atenção foi dada à trigonometria esférica, que nos possibilita estudar os polígonos em superfícies esféricas e tem importante aplicação na navegação e na observação de corpos celestes, ou seja, na astronomia. Já as funções hiperbólicas "surgem em movimentos vibratórios, dentro de sólidos elásticos e, mais genericamente, em muitos problemas de engenharia" (Freitas, 2015, p. 33).

Para um melhor entendimento das Geometrias Não Euclidianas, de inúmeras aplicações práticas, cabe destacar, nesse ponto, que é necessário um conhecimento da teoria de grupos e de álgebra linear.

Partindo das Geometrias Não Euclidianas, conseguimos estudar as formas de tudo o que compõe o universo. Por isso, convidamos você, leitor, a usar os conhecimentos adquiridos neste livro para aprofundar seus estudos na geometria fractal e na geometria projetiva.

REFERÊNCIAS

AGUSTINI, E. Introdução à geometria hiperbólica plana e atividades via o modelo do disco de Poincaré no software GeoGebra: parte teórica. In: SEMANA DA MATEMÁTICA – UNESP, 25., 2013, São José do Rio Preto. Disponível em: <http://www.eventos.ibilce.unesp.br/semat2013/noticias/arquivos/agustini.pdf>. Acesso em: 22 abr. 2020.

ALVES, S. A geometria do globo terrestre. In: ALVES, S.; CARVALHO, J. P.; MILIES, F. C. P. **A geometria do globo terrestre. Os três problemas clássicos da matemática grega. A matemática dos códigos de barras**. Rio de Janeiro: OBMEP, 2009. p. 1-80. Disponível em: <http://www.obmep.org.br/docs/apostila6.pdf>. Acesso em: 23 out. 2019.

ANDRADE, D. **O teorema da função inversa e da função implícita**. KIT de sobrevivência em cálculo. Departamento de Matemática da Universidade Estadual de Maringá. Disponível em: <https://docplayer.com.br/4918610-O-teorema-da-funcao-inversa-e-da-funcao-implicita.html>. Acesso em: 22 abr. 2020.

ARCARI, I. **Um texto de geometria hiperbólica**. 134 f. Dissertação (Mestrado em Matemática) – Universidade Estadual de Campinas, Campinas, 2008. Disponível em: <http://www.im.ufrj.br/~gelfert/cursos/MAC227-MAW463/N_ArcariInedio.pdf>. Acesso em: 24 out. 2019.

BARBOSA, L. N. S. C. de. **Uma reconstrução histórico-filosófica do surgimento das geometrias não euclidianas**. 68 f. Dissertação (Mestrado em Ensino de Ciências e Educação Matemática). Universidade Estadual de Londrina, Londrina, 2011. Disponível em: <http://www.uel.br/pos/mecem/arquivos/resumo_abstract/2011/dissertacoes/dissertacao_linlya.pdf>. Acesso em: 4 jan. 2020.

BARRETO, A. P. Grupos e geometria: um convite à geometria diferencial. In: COLÓQUIO DA REGIÃO SUDESTE, 2., 2013, São Carlos. Disponível em: <https://www.sbm.org.br/docs/coloquios/SE2-04.pdf>. Acesso em: 24 out. 2019.

BEARDON, A. F. **The Geometry of Discrete Groups**. New York: Springer-Verlag, 1983.

BOYER, C. B. **História da matemática**. Tradução de Elza F. Gomide. São Paulo: E. Blücher, 1974.

BRITO, A. de J. **Geometrias Não Euclidianas**: um estudo histórico-pedagógico. 187 f. Dissertação (Mestrado em Educação) – Universidade Estadual de Campinas, Campinas, 1995. Disponível em: <http://www.repositorio.unicamp.br/handle/REPOSIP/251734>. Acesso em: 24 out. 2019.

CABRAL, J. **O plano hiperbólico**. Disponível em: <http://www.jcabral.uac.pt/AulaJC.pdf>. Acesso em: 24 out. 2019.

CAJORI, F. **Uma história da matemática**. Tradução de Lazaro Coutinho. Rio de Janeiro: Ciência Moderna, 2007.

CARATSORIS, P. P. Geometria Não Euclidiana. **SlideShare**, 18 nov. 2009. Disponível em: <https://www.slideshare.net/paulocaratsoris/geometria-nao-euclidiana>. Acesso em: 24 out. 2019.

COUTINHO, L. **Convite às Geometrias Não Euclidianas**. 2. ed. Rio de Janeiro: Interciência, 2001.

CRUZ, D. G. da; SANTOS, C. H. dos. **Algumas diferenças entre a Geometria Euclidiana e as Geometrias Não Euclidianas**: hiperbólica e elíptica a serem abordados nas séries do ensino médio. Disponível em: <http://www.diaadiaeducacao.pr.gov.br/portals/pde/arquivos/1734-8.pdf>. Acesso em: 24 out. 2019.

DORIA, C. M. **Geometrias em duas dimensões**: euclidiana, esférica e hiperbólica. Departamento de Matemática da Universidade Federal de Santa Catarina, 2006.

DORIA, C. M. Geometrias Não Euclidianas: exemplos. In: BIENAL DA SBM, 2., 2004, Salvador. Disponível em: <http://www.bienasbm.ufba.br/M32.pdf>. Acesso em: 24 out. 2019.

DUBAY, E. **200 Proofs Earth is not a Spinning Ball**. Tradução de Arthur Barboza Ferreira. AtlanteanConspiracy.com/IFEARS.boards.net. Disponível em: <https://archive.org/stream/200ProvasQueATerraNaoEUmaBolaGiratoria#page/n12/mode/2up>. Acesso em: 23 out. 2019.

EUCLIDES. **Os Elementos**. Tradução de Irineu Bicudo. São Paulo: Ed. da Unesp, 2009.

EVES, H. **Introdução à história da matemática**. Tradução de Hygino H. Domingues. 5. ed. Campinas: Ed. da Unicamp, 2011.

FONTES, L. C. A. de A. **Fundamentos de geodesia**. 2005. Disponível em: <http://www.topografia.ufba.br/fundamentos%20de%20geodesia.pdf>. Acesso em: 24 out. 2019.

FREITAS, M. do B. C. da S. **As funções hiperbólicas e suas aplicações**. 60 f. Dissertação (Mestrado em Matemática) – Universidade Federal da Paraíba, João Pessoa, 2015. Disponível em: <https://repositorio.ufpb.br/jspui/bitstream/tede/7640/2/arquivototal.pdf>. Acesso em: 25 out. 2019.

GARBI, G. G. **A rainha das ciências**: um passeio histórico pelo maravilhoso mundo da matemática. São Paulo: Livraria da Física, 2006.

GAUSS, J. C. F. **General Investigations of Curved Surfaces**. New York: Raven Press, 1965.

GRAVINA, M. A. Geometria dinâmica uma nova abordagem para o aprendizado da geometria. In: SIMPÓSIO BRASILEIRO DE INFORMÁTICA NA EDUCAÇÃO, 7., 1996, Belo Horizonte. Disponível em: <http://www.educadores.diaadia.pr.gov.br/arquivos/File/2010/artigos_teses/EDUCACAO_E_TECNOLOGIA/GEODINAMICA.PDF>. Acesso em: 22 abr. 2020.

GREENBERG, M. J. **Euclidean and non-Euclidean Geometries**: Development and History. New York: W. H. Freeman, 1993.

HEATH, T. L. **The Thirteen Books of Euclid's Elements**. Cambridge: Cambridge University Press, 1968.

HOUAISS, A.; VILLAR, M. de S. **Dicionário eletrônico Houaiss da língua portuguesa**. versão 3.0. Rio de Janeiro: Instituto Antônio Houaiss; Objetiva, 2009. 1 CD-ROM.

JORDÃO, E. M. **A Geometria Não Euclidiana e as barreiras da matemática**. 4 jun. 2010. Disponível em: <http://matematicartedastrevas.blogspot.com/2010/06/geometria-nao-euclidiana-e-as-barreiras.html>. Acesso em: 26 nov. 2019.

KALEFF, A. M.; NASCIMENTO, R. S. Atividades introdutórias às Geometrias Não Euclidianas: o exemplo da geometria do táxi. **Boletim Gepem**, Rio de Janeiro, n. 44, p. 11-42, dez. 2004. Disponível em: <http://portaldoprofessor.mec.gov.br/storage/materiais/0000011892.pdf>. Acesso em: 22 abr. 2020.

KASNER, E.; NEWMAN, J. **Matemática e imaginação**. Tradução de Jorge Fortes. Rio de Janeiro: Zahar, 1968. (Série Biblioteca de Cultura Científica).

KATZ, V. J. **A History of Mathematics**: an Introduction. 2. ed. Boston: Addison-Wesley, 1998.

LEITE, A. E.; CASTANHEIRA, N. P. **Geometria analítica em espaços de duas e três dimensões**. Curitiba: InterSaberes, 2017. (Coleção Desmistificando a Matemática, v. 7).

MAGALHÃES, J. M. **Um estudo dos modelos da geometria hiperbólica**. 63 f. Dissertação (Mestrado em Matemática) – Universidade Estadual Paulista Júlio de Mesquita Filho, Rio Claro, 2015. Disponível em: <https://repositorio.unesp.br/bitstream/handle/11449/134147/000857257.pdf>. Acesso em: 24 out. 2019.

MARQUES, H. A demonstração do quinto Postulado de Euclides por Proclus. In: MARQUES, H. **Tentativas de demonstração do quinto postulado dos Elementos de Euclides**. Faculdade de Ciências da Universidade de Lisboa, 2004a. Disponível em: <https://webpages.ciencias.ulisboa.pt/~ommartins/seminario/quintoposteucl/proclus.htm>. Acesso em: 3 fev. 2020.

MARQUES, H. A demonstração do quinto Postulado de Euclides por Ptolomeu. In: MARQUES, H. **Tentativas de demonstração do quinto postulado dos Elementos de Euclides**. Faculdade de Ciências da Universidade de Lisboa, 2004b. Disponível em: <https://webpages.ciencias.ulisboa.pt/~ommartins/seminario/quintoposteucl/ptolomeu.htm>. Acesso em: 3 fev. 2020.

MLODINOW, L. **A janela de Euclides**: a história da geometria, das linhas paralelas ao hiperespaço. Tradução de Enezio Almeida. 2. ed. São Paulo: Geração, 2004.

NASCIMENTO, M. C. **O método axiomático em ciências**. Departamento de Matemática da Unesp, 2006. Disponível em: <http://wwwp.fc.unesp.br/~mauri/Geo/axiomatico.pdf>. Acesso em: 24 out. 2019.

OS ELEMENTOS de Euclides. Disponível em: <https://webpages.ciencias.ulisboa.pt/~ommartins/seminario/euclides/elementoseuclides.htm>. Acesso em: 24 out. 2019.

O V POSTULADO de Euclides. Disponível em: <http://www.educ.fc.ul.pt/icm/icm99/icm16/postulado.htm>. Acesso em: 24 out. 2019.

PAULA, G. T. **Domínios fundamentais para os grupos fuchsianos**. 58 f. Trabalho de Conclusão de Curso (Graduação em Matemática) – Universidade Federal de Juiz de Fora, Juiz de Fora, 2013. Disponível em: <http://www.ufjf.br/matematica/files/2014/02/Gisele_2013.pdf>. Acesso em: 4 dez. 2019.

PIOVESAN, S. F.; BINOTTO, R. R. Desenvolvimento de alguns aspectos da geometria hiperbólica. **Disciplinarum Scientia**, Santa Maria, v. 4, n. 1, p. 143-154, 2003. Disponível em: <https://periodicos.ufn.edu.br/index.php/disciplinarumNT/article/%20viewFile/1171/1108>. Acesso em: 31 out. 2019

RIBEIRO, R. S. **Geometrias Não Euclidianas na escola**: uma proposta de ensino através da geometria dinâmica. 124 f. Dissertação (Mestrado em Matemática) – Universidade Federal do Rio Grande do Sul, Porto Alegre, 2013. Disponível em: <https://www.lume.ufrgs.br/bitstream/handle/10183/79482/000901543.pdf?sequence=1>. Acesso em: 31 out. 2019.

ROBOLD, A. I. Geometria Não Euclidiana. In: EVES, H. **Tópicos de história da matemática para uso em sala de aula**: geometria. Tradução de Hygino H. Domingues. São Paulo: Atual, 1992. (Série Tópicos de história da matemática para uso em sala de aula, v. 3). p. 45-47.

ROCHA, C. H. B. **Geoprocessamento**: tecnologia transdisciplinar. Edição do autor. Juiz de Fora: [s.n.], 2000.

ROCHA, L. F. C. Introdução à geometria hiperbólica plana. In: COLÓQUIO BRASILEIRO DE MATEMÁTICA, 16., 1987, Rio de Janeiro. **Anais...** Rio de Janeiro: Impa, 1987. p. 247-252.

ROONEY, A. **A história da matemática**: desde a criação das pirâmides até a exploração do infinito. Tradução de Mario Fecchio. São Paulo: M. Books, 2012.

ROSADO, H. K. K. **Introdução à topologia algébrica**. Disponível em: <https://www.prp.unicamp.br/pibic/congressos/xxcongresso/paineis/091539.pdf>. Acesso em: 24 out. 2019.

ROSENFELD, B. A. **A History of Non-Euclidean Geometry**: Evolution of the Concept of a Geometric Space. New York: Springer-Verlag, 1988.

SANTOS, R. A.; OLIVEIRA, J. de. Trigonometria triangular esférica. **RCT – Revista de Ciências e Tecnologia**, v. 4, n. 6, 2018. Disponível em: <https://revista.ufrr.br/rct/article/download/4645/2482>. Acesso em: 22 abr. 2020.

SAUTOY, M. du. Os matemáticos que ajudaram Einstein e sem os quais a Teoria da Relatividade não funcionaria. **BBC Brasil**, 18 ago. 2018. Disponível em: <https://www.bbc.com/portuguese/geral-45177447>. Acesso em: 24 out. 2019.

SILVA, A. C. et al. **Geometria hiperbólica**. Disponível em: <https://homepages.dcc.ufmg.br/~lucasresenderc/pdf/geometriaHiperb%C3%B3lica.pdf>. Acesso em: 24 out. 2019.

SILVA, K. B. R. da. **Noções de Geometrias Não Euclidianas**: hiperbólica, da superfície esférica e dos fractais. Curitiba: CRV, 2011.

SILVA FILHO, A. E. P. da. **A trigonometria esférica e o globo terrestre**. 50 f. Dissertação (Mestrado em Matemática) – Universidade Federal do Ceará, Juazeiro do Norte, 2014. Disponível em: <http://www.repositorio.ufc.br/bitstream/riufc/8743/1/2014_dis_aepsilvafilho>. Acesso em: 22 abr. 2020.

SÓ MATEMÁTICA. **Axiomas**. Disponível em: <https://www.somatematica.com.br/emedio/espacial/espacial1.php>. Acesso em: 24 out. 2019.

TRUDEAU, R. J. **The Non-Euclidean Revolution**. Boston: Birkhäuser, 1987.

ZANELLA, I. A. **Geometria esférica**: uma proposta de atividades com aplicações. 130 f. Dissertação (Mestrado em Matemática) – Universidade Estadual de Londrina, Londrina, 2013. Disponível em: <https://sca.profmat-sbm.org.br/sca_v2/get_tcc3.php?id=37356>. Acesso em: 22 abr. 2020.

Bibliografia comentada

BEARDON, A. F. **The Geometry of Discrete Groups**. New York: Springer-Verlag, 1983.

> Esse livro serve como uma introdução à geometria da ação de grupos discretos de transformações de Möbius. Por volta de 1940, o agora bastante conhecido manuscrito Fenchel-Nielsen apareceu, infelizmente nunca em versão impressa. A obra tenta mostrar algumas das belas ideias geométricas encontradas no referido manuscrito, bem como alguns materiais mais recentes. O texto foi escrito com a convicção de que as explicações geométricas são essenciais para uma compreensão completa do material e que, por mais simples que uma prova de matriz possa parecer, uma prova geométrica é quase certamente mais lucrativa.

COUTINHO, L. **Convite às Geometrias Não Euclidianas**. 2. ed. Rio de Janeiro: Interciência, 2001.

> Obra que convida o leitor a tomar conhecimento das Geometrias Não Euclidianas criadas no início do século XIX, que abriram novas e abrangentes perspectivas para o desenvolvimento das matemáticas. Está estruturada em nove capítulos: no primeiro, é feita uma introdução ao método axiomático; no segundo, são feitas considerações sobre a geometria hiperbólica; no terceiro, há um estudo sobre pontos e triângulos impróprios; no quarto, é empreendido um estudo sobre quadriláteros e triângulos especiais; no quinto, são conceituados o ponto ultraideal e a área; no sexto, são apresentados os tipos de curvas; no sétimo, são feitas considerações sobre a geometria elíptica; no oitavo, é demonstrada uma aplicação da geometria de Riemann; por fim, no nono, há um fechamento mostrando que a geometria ajusta-se à realidade e à curvatura do espaço.

EUCLIDES. **Os elementos**. Tradução de Irineu Bicudo. São Paulo: Ed. da Unesp, 2009.

> Essa obra de matemática, a primeira da antiguidade clássica a que tivemos acesso em sua totalidade, é composta por 13 livros. Além de definições, postulados e noções comuns/axiomas, demonstram-se 465 proposições, em forte sequência lógica, referentes à Geometria Euclidiana – a da régua e compasso – e à aritmética –, isto é, à teoria dos números. Os seis primeiros livros tratam da geometria plana; os três seguintes, da teoria dos números; o livro X, o mais complexo, estuda uma classificação de incomensuráveis/irracionais; e os três últimos abordam a geometria no espaço/estereometria. Esta é a primeira tradução completa para o português feita a partir do texto grego.

LEITE, A. E.; CASTANHEIRA, N. P. **Geometria analítica em espaços de duas e três dimensões**. Curitiba: InterSaberes, 2017. (Coleção Desmistificando a Matemática, v. 7).

> A referida obra está estruturada em nove capítulos que permitem a aplicação em cursos presenciais e também na educação a distância. A geometria analítica, citada no título, relaciona a geometria à álgebra, tendo seu estudo baseado no sistema cartesiano de coordenadas, introduzido por René Descartes, o qual apresenta vasta aplicação tanto na física quanto nas engenharias. A geometria analítica é, na obra em questão, explicada em espaços de duas e três dimensões; e o propósito da obra é justamente despertar a curiosidade para a resolução de exercícios nessas duas dimensões.

ROONEY, A. **A história da matemática**: desde a criação das pirâmides até a exploração do infinito. Tradução de Mario Fecchio. São Paulo: M. Books, 2012.

> Obra que possibilita ao leitor entender os principais feitos da matemática, desde os primeiros registros dessa ciência, há cerca de 4 mil anos. Em nove ricos capítulos, a obra permite ao leitor entender como inicou a contagem, a forma das coisas, pois nem tudo pode ser contado, como a compreensão do infinito, dentre outros relevantes conceitos. A obra mostra ainda qual a contribuição dada por cada importante matemático, físico e astrônomo na evolução da matemática e das demais ciências que dela dependem. A obra proporciona uma viagem à formação do conhecimento através do tempo e da história da humanidade.

SILVA, K. B. R. da. **Noções de Geometrias Não Euclidianas**: hiperbólica, da superfície esférica e dos fractais. Curitiba: CRV, 2011.

> Com uma linguagem bastante acessível ao iniciante no estudo das Geometrias Não Euclidianas, a obra é estruturada em quatro capítulos. No primeiro, são feitas algumas considerações históricas sobre as geometrias não euclidinadas; no segundo, há um estudo da geometria hiperbólica; no terceiro, são apresentadas as partes teóricas e várias atividades envolvendo a geometria esférica; por fim, no quarto capítulo, há um estudo da geometria dos fractais.

APÊNDICE

Adrien-Marie Legendre (Paris, 18 de setembro de 1752 – Paris, 10 de janeiro de 1833), desenvolveu funções para a solução de equações diferenciais.

Aristóteles (Estagira/Grécia, 384 a.C. – Cálcis/Grécia, 322 a.C.), filósofo grego e aluno de Platão. Escreveu sobre física, metafísica, as leis da poesia e do drama, música, lógica, retórica, governo, ética, biologia e zoologia.

August Ferdinand Möbius (Naumburg/Alemanha, 17 de novembro de 1790 – Leipzig/Alemanha, 26 de setembro de 1868), foi matemático e astrônomo, a quem se deve: a fita Möbius, a função de Möbius, as transformações de Möbius, a fórmula de inversão de Möbius e a rede de Möbius.

Claudio Ptolomeu (Ptolemaida Hérmia/Egito, 90 d.C. – Canopo/Egito – 168 d.C.), cientista grego e notável geômetra, cuja principal obra é *A grande síntese* (*Almagesto*, em árabe).

David Hilbert (Königsberg/Alemanha, 23 de janeiro de 1862 – Göttingen/Alemanha, 14 de fevereiro de 1943), foi um matemático alemão, eleito membro estrangeiro da Royal Society em 1928.

Euclides de Alexandria foi professor, matemático platônico e escritor, possivelmente grego, muitas vezes referido como o *Pai da Geometria*. Não se sabe ao certo seu local de nascimento e morte, apenas que viveu entre 325 a.C. e 265 a.C.

Eugenio Beltrami (Cremona/Itália, 16 de novembro de 1835 – Roma/Itália, 18 de fevereiro de 1900), matemático italiano que publicou o seu primeiro trabalho em 1862. Em 1868, publicou *Ensaio de papel interpretando a Geometria Não Euclidiana*, usando a pseudoesfera. Foi nomeado na Universidade de Bolonha como professor de álgebra e de geometria analítica.

Felix Christian Klein (Düsseldorf/Alemanha, 25 de abril de 1849 – 0/Alemanha, 22 de junho de 1925), matemático alemão conhecido por seu trabalho em Geometria Não Euclidiana e sobre as conexões entre a geometria e a teoria de grupo.

Felix Hausdorff (Breslávia/Polônia, 8 de novembro de 1868 – Bonn/Alemanha, 26 de janeiro de 1942), matemático alemão e um dos fundadores da topologia moderna.

Georg Friedrich Bernhard Riemann (Hanover/Alemanha, 17 de setembro de 1826 – Verbania/Itália, 20 de julho de 1866), foi um matemático alemão. Formulou uma Geometria Não Euclidiana semelhante às de Lobachevsky e Bolyai.

Giovanni Girolamo Saccheri (Sanremo/Itália, 5 de setembro de 1667 – Milão/Itália, 25 de outubro de 1733). Padre jesuíta e matemático, considerado o autor do segundo trabalho de Geometria Não Euclidiana, a obra *Euclides livre de qualquer falha*.

Giuseppe Peano (Cueno/Itália, 27 de agosto de 1858 – Turim/Itália, 20 de abril de 1932), matemático italiano, fundador da lógica matemática e da teoria dos conjuntos.

Isaac Newton (Woolsthorpe Manor, Lincolnshire/Reino Unido, 4 de janeiro de 1643 – Kensington, Londres/Reino Unido, 31 de março de 1727), astrônomo, alquimista, filósofo natural, teólogo e cientista, porém mais reconhecido por seu trabalho como físico e matemático.

János Bolyai (Transylvania, 15 de dezembro de 1802 – Târgu Mureș/Romênia, 27 de janeiro de 1860), matemático húngaro, conhecido pelo seu trabalho em Geometria Não Euclidiana.

Johann Carl Friedrich Gauss (Brunsvique/Alemanha, 30 de abril de 1777 – Göttingen/Alemanha, 23 de fevereiro de 1855), matemático, físico e astrônomo alemão, contribuiu para a teoria dos números, a análise matemática, a geometria diferencial, dentre outras áreas.

Johann Heinrich Lambert (Mulhouse, 26 de agosto de 1728 – Berlim, 25 de setembro de 1777), matemático, físico e astrônomo suíço, demonstrou que π é um número irracional. Autor de trabalhos inovadores sobre Geometria Não Euclidiana.

John Napier (Castelo de Merchiston/Edimburgo, 1 de fevereiro de 1550 – Castelo de Merchiston/Edimburgo, 4 de abril de 1617), matemático, físico, astrônomo, astrólogo e teólogo escocês. Decodificou o logaritmo natural ou neperiano.

John Playfair (Dundee/Reino Unido, 10 de março de 1748 – Burntisland/Reino Unido, 20 de julho de 1819), matemático, geólogo e físico, responsável pela formulação moderna do quinto postulado de Euclides.

John Wallis (Ashford/Reino Unido, 3 de dezembro de 1616 – Oxford/Reino Unido, 8 de novembro de 1703), matemático britânico, precursor do cálculo infinitesimal. Escreveu o livro *Tratado das secções angular* e descobriu os métodos de resolução de equações de grau quatro.

Jules Henri Poincaré (Nancy/França, 29 de abril de 1854 – Paris/França, 17 de julho de 1912), matemático, físico e filósofo francês. Desenvolveu o conceito de funções automórficas e escreveu obras sobre mecânica celeste.

Leonhard Euler (Basileia/Suíça, 15 de abril de 1707 – São Petersburgo/Rússia, 18 de setembro de 1783), matemático e físico suíço, fez descobertas significativas na análise e na teoria gráfica, na teoria dos números, no cálculo, na lógica e na física.

Moritz Pasch (Breslávia/Polônia, 8 de novembro de 1843 – Bad Homburg von der Höhe/Alemanha, 20 de setembro de 1930), matemático alemão especializado nos fundamentos da geometria.

Nikolai Ivanovich Lobachevsky (Níjni Novgorod/Rússia, 1 de dezembro de 1792 – Cazã/Rússia, 24 de fevereiro de 1856), matemático russo conhecido pelo seu trabalho em Geometria Não Euclidiana.

Pitágoras de Samos (Samos/Grécia, 570 a.C. – Metaponto/Grécia, 495 a.C.), filósofo e matemático grego jônico, a quem se credita o movimento denominado *pitagorismo*.

Proclus Lício (Constantinopla, 8 de fevereiro de 412 – Atenas, 17 de abril de 485), filósofo e matemático grego. Sua mais notável criação foi *Comentário sobre o livro I*, da obra *Os Elementos*, de Euclides.

Sesóstris III (Egito, 1878 a.C. – Egito, 1839 a.C.), quinto faraó da décima segunda dinastia do Egito. Seu verdadeiro nome é Kakhaura Senuseret III, marcou o apogeu do império médio, época em que o Egito viveu momentos de grande riqueza.

Victor Joseph Katz (Filadélfia, Pensilvânia, 31 de dezembro de 1942 –), matemático americano e historiador da matemática.

Respostas

CAPÍTULO 1

1) c
2) a
3) d
4) b
5) c
6) d

CAPÍTULO 2

1) $\overrightarrow{AB} = \left\{(x, y) \in DP \mid y = \dfrac{1}{2} \cdot x\right\}$
2) $\overrightarrow{AB} = \{(x, y) \in DP \mid y = x\}$
3) $\overrightarrow{AB} = \{(x, y) \in DP \mid x = 0\}$
4) $\alpha = 18°\ 26'\ 6''$, aproximadamente
5) $\alpha = 30°$
6) $d(A, B) \approx 1{,}7918$

CAPÍTULO 3

1) b
2) c
3) d
4) a

CAPÍTULO 4

1) 500 km, aproximadamente (lembrar que cada 1° corresponde a 111,17 km).
2) $a = 1{,}57\ m^2$
3) 530 km
4) Cerca de 40.024 km
5) Cerca de $113{,}097\ m^3 = 113.097$ litros
6) Apenas o triângulo com os ângulos descritos em II é esférico.

CAPÍTULO 5

1) 2.672 km, aproximadamente
2) 333,53242 km
3) São esféricos polares os triângulos com ângulos e lados descritos em I e IV.

CAPÍTULO 6

1) $A(\Delta) = 1{,}434924418121896$ unidades de área
2) $a = 2{,}52569455$
   $\beta = 24{,}392783°$
   $\gamma = 34{,}206046°$
3) $a = 1{,}97215624$
   $b = 2{,}26880685$
   $c = 2{,}47449733$

CAPÍTULO 7

1) $d \approx 1{,}762747$
2) $D = 5$

Sobre o autor

Nelson Pereira Castanheira é doutor em Engenharia de Produção pela Universidade Federal de Santa Catarina (UFSC); mestre em Administração de Empresas e Recursos Humanos pela Universidad de Extremadura (UEx), em Badajoz, na Espanha; graduado em Eletrônica pela Universidade Federal do Paraná (UFPR) e em Matemática, Física e Desenho pela Pontifícia Universidade Católica do Paraná (PUCPR); e possui especialização em Processamento de Dados (Análise de Sistemas) pela Faculdade Católica de Administração e Economia (FAE) e em Administração em Finanças e Administração em Informatização pela Faculdade de Ciências Econômicas, Contábeis e de Administração Professor de Plácido e Silva (Fadeps).

Ao longo de sua carreia, desde 1970, exerceu diversas atividades na IBM do Brasil, na Siemens e no Sistema Telebrás, como gerente de produtos e serviços, instrutor, coordenador e analista de dados.

Sua experiência como professor iniciou em 1971 na Escola Técnica Federal do Paraná, onde foi professor, coordenador do curso de Telecomunicações e membro do Conselho Federal de Educação. Foi professor no Centro Universitário Campos de Andrade (Uniandrade), na Universidade Tuiuti do Paraná (UTP), no Instituto Brasileiro de Pós-graduação e Extensão (IBPEX), na Faculdade Educacional Araucária (Facear), na Faculdade Internacional de Curitiba (Facinter), na Faculdade de Tecnologia Internacional (Fatec) e no Centro Universitário Internacional Uninter. No Centro Universitário Internacional Uninter, exerceu cargos de coordenador, diretor, pró-reitor de graduação e atualmente é pró-reitor de pós-graduação, pesquisa e extensão.

É autor de vários livros, como *Matemática aplicada*; *Matemática financeira aplicada*; *Estatística aplicada*; *Métodos quantitativos*; *HP 12c: como utilizá-la com facilidade*; *Matemática financeira e análise financeira para todos os níveis*; *Matemática comercial e financeira*; *Teoria dos números e teoria dos conjuntos*; *Equações e regras de três*; *Geometria plana e trigonometria*; *Logaritmos e funções*; *Limites, derivadas e integrais*; *Raciocínio lógico e lógica quantitativa*; *Geometria analítica*, entre outros.

Impressão:
Junho/2020